黄杏贞 著

心理咨询师妈妈的科学育儿法

养育温暖而勇敢的孩子

中国纺织出版社

国家一级出版社
全国百佳图书出版单位

内 容 提 要

本书系统地介绍了幼儿的大脑、思维和心理特征。在科学的基础上，针对无数家庭在养育幼儿中的沟通、情绪、人际等普遍的棘手难题，提供了有效且可执行的方法。本书第一次系统且完整地阐述了该方法以及背后的幼儿心理学原理。基于科学理论又来自实践，适用于幼儿家庭，已经被无数父母长期采用和喜爱。全书语言简单易懂，配合大量有趣的漫画和故事，是一本能轻松读完，科学且实用性强的幼儿教育书籍。

图书在版编目（CIP）数据

心理咨询师妈妈的科学育儿法：养育温暖而勇敢的孩子 / 黄杏贞著. -- 北京：中国纺织出版社，2018.11（2019.5重印）
ISBN 978-7-5180-5403-9

Ⅰ. ①心… Ⅱ. ①黄… Ⅲ. ①儿童心理学 Ⅳ. ①B844.1

中国版本图书馆 CIP 数据核字（2018）第 211624 号

策划编辑：顾文卓　　责任校对：武凤余　　责任印制：储志伟

中国纺织出版社出版发行
地址：北京市朝阳区百子湾东里 A407 号楼　邮政编码：100124
销售电话：010-67004422　传真：010-87155801
http://www.c-textilep.com
E-mail:faxing@c-textilep.com
中国纺织出版社天猫旗舰店
官方微博http://weibo.com/2119887771
北京玺诚印务有限公司印刷　各地新华书店经销
2018 年 11 月第 1 版　2019 年 5 月第 2 次印刷
开本：710×1000　1/16　印张：14
字数：176 千字　定价：59.80 元

凡购本书，如有缺页、倒页、脱页，由本社图书营销中心调换

序

育儿本幸福

育儿，本来是一件幸福的事情。但有很多爸爸妈妈，常常因为"不……就迟了"等言论而陷入焦虑，还有很多父母，也常常因为看到了一些相互矛盾的育儿说法而陷入无助……

如果养育孩子需要像考状元一样悬梁刺股、持续百米冲刺；如果父母育儿总像一头无助的老牛拼命拉着一辆满载的货车去登山。那么，这些父母很有可能已经陷入了误区。

我国小孩从小听"多次撒谎会被狼吃掉"的故事，外国小朋友则是听"每一次撒谎，鼻子会像匹诺曹那样变长"的故事，孩子们从中都记住了"不能说谎"。

这样的道理，我们记住了一辈子，并成为家长教育孩子的高效工具。

所以，本书认为，育儿其实可以很简单。

当然，《狼来了》缺乏科学性，孩子容易陷入"不说谎是为了博取别人的信任"的功利心理；《木偶奇遇记》也带有恐吓的色彩，会带来教育"后遗症"——当孩子发现鼻子没变大的时候，故事的"效果"也随之消失。

那么，如何才能科学育儿？

父母们只有在真正理解孩子的大脑、了解孩子思维特点的基础上，才能实现科学的育儿。在真正"懂"孩子之后，父母通过简单的方式，就可

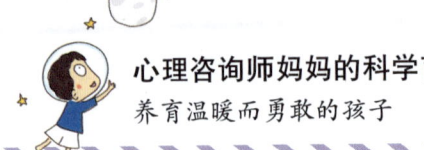

以跟孩子实现有效的沟通；还能帮助孩子进行情绪管理，提高孩子与人协作的能力。

在理解小孩的大脑特点、心理基本规律之后，父母们心中的育儿焦虑与困惑，也可以轻松找到答案。

例如：父母是否应该在孩子5岁时，给他们报一个机器人编程兴趣班，以培养逻辑思维？

再如：帮孩子挑选培训机构的时候，如何能一眼看出哪家更注重培养孩子内在兴趣，哪家只是表面的形式教育？

……

所以，育儿本幸福——只需要回归科学和简单，便能得以实现。

如果孩子是一张白纸

听过很多人说，孩子是一张"白纸"，父母不应该过度为孩子做选择。

我非常认可孩子应该"做自己"，等我们的孩子长大之后，无论是成为科学家、商人，或者艺人，甚至是一名普通的快递员，只要他们为社会作出贡献，我都会为他们感到骄傲。

但，作为孩子的父母，我们是孩子的第一个榜样，必然也是放在孩子这张白纸上的其中一支画笔，也很可能是第一支。

那么，我们应该给这张白纸带来什么色彩呢？

在陪伴孩子成长时，我希望能帮助他们开阔视野，从时间的尺度上，从地理的维度上，更从无限的人性上，帮助他们认识自己、认识人。

本书里的"五条坏虫子"，就是我在现实生活中的育儿工具，科学而简单。通过"五条坏虫子"，我跟孩子不仅实现了有效的沟通，还能帮助他们管理情绪，学会与人交往。

等他们长大了，孩子们也能从"五条坏虫子"，慢慢地理解"人生而自由，但无时不在枷锁中"的人性真理。

而这些认识，会让他们终身受益。

 序

温暖而勇敢的孩子

多少父母为孩子操碎了心……如果问一句：你最期望的是什么？

我的答案是：我希望我的孩子永远幸福。

幸福在每个人心里，都有不同的定义。

而我理解的幸福，更多是内在的，而非功名利禄。

具体地说，就是"温暖而勇敢"。

如果，我的孩子未来是一名科学家，我希望他憨实，挑战人类认知的极限；

如果，我的孩子未来是一名艺人，我希望他淳朴，专注于自己的梦想；

如果，我的孩子未来是一名商人，我希望他不受制于名利，沉浸于创造价值；

如果，我的孩子未来是一名快递员，我希望他不怕苦累，常年面带微笑；

我只愿他们，温暖而勇敢。

目录 Contents

第一章 一本真正懂孩子的书

学过很多道理，还是力不从心…… 002
 1. 沟通陷入"对牛弹琴"…… 003
 2. 不定时"情绪炸弹"…… 006
 3. 小孩玩不好"孩子圈"…… 011
 4. 你有没有"父母上岗证"…… 013

我是心理咨询师妈妈…… 014

 1. 粗鲁胖老头，让我迷上心理学…… 016
 2. 害羞老师一句话，让我沉醉儿童心理…… 017
 3. 行为设计学育儿，也顺便减了产后四十斤肉…… 018
 4. 科学的育儿，才是靠谱的育儿…… 020
 5. 得到越来越多父母的鼓励…… 021
 6. 为人父母最大的幸福是什么…… 023

第二章 认识孩子的大脑和思维

了解幼儿心理…… 026
 1. 无意识发生的"怪象"…… 026
 2. 脑瓜里有"不负责任总裁"…… 028
 3. 大脑是个弱肉强食的地方…… 033

001

心理咨询师妈妈的科学育儿法：
养育温暖而勇敢的孩子

4. "鸡同鸭讲"时期…… 035
5. 可爱的具体形象思维…… 041

适合幼儿心理的教育方法…… 045
1. "坏虫子"诞生记…… 045
2. 奇特的二层楼房…… 050

第三章　说孩子听得懂的话，实现有效沟通

沟通的六个"陷阱"…… 054
1. 哄…… 054
2. 吓…… 057
3. 吼…… 061
4. 打…… 066
5. 骗…… 071
6. 辱…… 074

"坏虫子"沟通法…… 077
1. 哑巴孩子的神奇画…… 077
2. 躺在"棉花窝"，小嘴讲不停…… 082
3. 父母要穿孩子的"小鞋"…… 088
4. 沟通，如何简单又高效…… 092
5. 我对世界笑，世界对我笑…… 098

安全感，是宝宝从出生就需要的东西

第四章　好脾气，孩子受益终生的礼物

孩子情绪难自控的真正原因…… 100
1. 暴躁是天生的吗…… 100
2. 家庭是"水杯"…… 102
3. 脑瓜里有两只"小卡通"…… 107

目录

情绪"蝴蝶效应" …… 110
    1. 如何在孩子脑瓜搭"小桥" …… 111
    2. 情绪不管，会丢"三件宝" …… 113
    3. 大脑，也能像肌肉那样锻炼 …… 116
    4. 五岁时情绪力良好，未来有惊喜 …… 118
    5. 越早播种，花儿会越美 …… 119

"坏虫子"情绪管理 …… 121
    1. 抓住脑子里的那头"牦牛" …… 122
    2. 儿童版"情绪ABC" …… 127
    3. 三个情绪"魔术棒" …… 134
    4. 一场"没有滑轮"的滑轮舞 …… 138

第五章　小孩，也能玩好"孩子圈"

孩子是水下一条"鱼" …… 142
    1. 什么孩子，笑容会更多 …… 143
    2. 幸福孩子，不当"鲁滨逊" …… 145

孩子的人际"脚本" …… 147
    1. 小女孩缘何成"遥控机器人" …… 147
    2. 跟爸爸共浴别尴尬 …… 149
    3. 孩子跟空气"交谈" …… 151
    4. 妈妈，我娶媳妇帮你做家务 …… 152
    5. 手机时代，孩子会得一种"病" …… 153
    6. 玩伴——"香气包"和"臭气包" …… 156
    7. 妈妈吐脏字，孩子牛奶吐口水 …… 159

"坏虫子"人际方法 …… 161
    1. 孩子大脑里的"镜子" …… 161

心理咨询师妈妈的科学育儿法：
养育温暖而勇敢的孩子

  2. 懂得别人有几条"坏虫子"…… 167
  3. 坏虫子，小勇气…… 171
  4. 什么样的孩子，更幸运…… 175

第六章 温暖而勇敢的孩子

说话有"纹"理…… 179
  1. 小孩子也有追求…… 179
  2. "遭遇"人贩子…… 181
  3. 不太听话的"小医生"…… 183
  4. 不分享玩具的"腼腆"理由…… 184

探索有勇气…… 185
  1. 踮脚尖吃苹果的小孩…… 186
  2. 孩子玩iPad，妈妈也感动…… 190
  3. 像学游泳那样"上"火星…… 192
  4. 攀岩的"苍蝇腿"道理…… 193

幸福有心流…… 195
  1. 让分心虫变小…… 196
  2. "喝墨水"先生…… 201
  3. 妈妈做的"臭"甜品…… 203

第七章 给年轻父母的三个忠告

  1. 越早知道越好的一件事…… 208
  2. 孩子天生拥有的能力…… 209
  3. 好父母的一种意识…… 210

后 记…… 211

第一章
一本真正懂孩子的书

作为心理咨询师和二孩妈妈,我沉浸心理学,也阅读过无数国内外的育儿书。

跟父母们亲密沟通这几年,我接触了众多父母的真实故事,知道父母们的焦虑,也懂得父母们困扰的"症结"。

所以,我在大量的科学理论基础上,结合切实可行的经验,总结出了一套简单而科学的家庭教育方法。

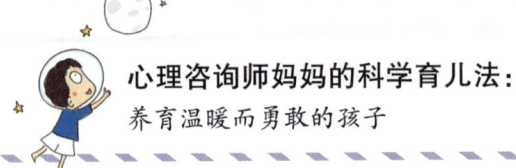

学过很多道理，还是力不从心

有三对年轻人，他们在同一天结婚，也在同一天向神祈祷。

第一对夫妻说："万能的神啊，请赐给我们一个孩子，不管男孩还是女孩，请保佑他拥有良好的沟通能力。"

第二对夫妻说："万能的神啊，请赐给我们一个孩子，不管男孩还是女孩，请保佑他拥有好脾气。"

第三对夫妻说："万能的神啊，请赐给我们一个孩子，不管男孩还是女孩，请保佑他拥有幸福的人际关系。"

二十年后，这三对夫妻一同来到神面前。

第一对说："神啊，你为什么这样惩罚我们，我们的孩子就像一头'牛'，我们总像'对牛弹琴'。"

第二对说："神啊，你为什么这样惩罚我们，我们的孩子就像一枚不定时的'情绪炸弹'，动不动就乱'引爆'。"

第三对说："神啊，你为什么这样惩罚我们，我们的孩子比'鲁滨逊'还惨，没有一位人类朋友。"

神慈爱地走近，动情地说：

"我亲爱的子民啊，二十年前，我应你们的要求，把三个宝宝交到你们手上，他们都是一样的天真、无邪、可爱，那个时候，谁不是沉浸在宝

第一章
一本真正懂孩子的书

宝降生的喜悦中呢?

但是后来呢?

你们有些人,不懂与孩子正确沟通,所以你们便觉得是'对牛弹琴';你们还有些人,不懂如何应对孩子情绪,自己也不懂管理情绪,所以你们的孩子便变成了不定时的'情绪炸弹';你们更有些人,不懂如何培养孩子的人际,所以你们的孩子便比'鲁滨逊'还孤独。"

三对夫妻,此时早已泪流满面……

育儿是一趟因果旅程,有什么"因",便结什么"果"。但父母们常常苦于不能分辨孩子背后的"因",即使懂得了"因"也总是遭遇"力不从心"的困境。

1. 沟通陷入"对牛弹琴"

作为父母,你大概对下面的情景不陌生:

很晚了,一个小男孩还沉浸在他手里的"恐龙宝宝救恐龙妈妈大战"中,妈妈微笑着提醒儿子:"宝贝,到时间睡觉了哦!"小男孩不仅没应答,连头也没抬。妈妈就像在跟空气说话。

见孩子没有任何反馈,妈妈提高声音再催了一次:"听见没有?到时间睡觉了!"小男孩这才一边玩一边回应说"马上睡"。

听到孩子的应答,以为孩子会自己上床睡,妈妈便走进洗手间,开始刷牙、修眉、洗脸、护肤……

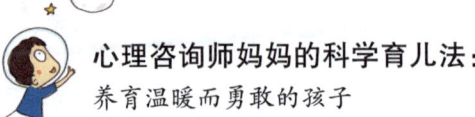

心理咨询师妈妈的科学育儿法：
养育温暖而勇敢的孩子

不知多久后出来，竟然看见孩子不仅没睡，连玩耍的姿势也没变，他手里的恐龙宝宝还没救出恐龙妈妈……抬头一看墙上的时钟，已经晚上11点了。

当父母与孩子沟通时，孩子却不理会，你也常常遇见吧。

失忆的小顽童

"不要看电视！一是电视对小朋友的眼睛不好，会导致近视眼；小朋友还会受动画片不良人物行为的影响，比如容易变得暴力……"妈妈严肃而滔滔不绝地给儿子讲道理。

小男孩挽着手昂着头站在妈妈面前，一本正经地听着，还不时地点头。妈妈越说越欣慰，觉得孩子很受教。结束叮嘱时还赞扬了孩子。

可是，当妈妈第二天下班回到家，小男孩仍旧像往常一样，左手拿着棒棒糖，右手拿着遥控器，小脑袋几乎伸到了电视机前，正在哈哈大笑，因为动画片里的小女孩恶作剧地把妹妹剃成光头……

"妈妈昨天不是给你讲了一小时道理？怎么还在看？"小男孩抬起头，一脸茫然，似乎那段讲道理的经历不存在，但似乎又存在……

当父母严肃讲道理，孩子却听不懂，你也常常遇见吧。

一位奶奶领着孙子出门玩耍，路上遇到了一位拿着玩具枪"哒哒哒"扫射的小朋友。小男孩两眼发亮，冲上去就抢。

奶奶忍不住着急地吼："别抢！那是别人的玩具！"听到奶奶的吼叫，小男孩紧张地定住了，手里举着玩具枪悬在半空，不知道是要继续玩还是把玩具还给别人。在奶奶的提议下，小男孩归还了玩具后，婆孙俩继续往前走。

没想到走到拐弯处，小男孩看到前面另一位小朋友在玩滑板车，他随

004

第一章
一本真正懂孩子的书

即冲上去把别人推倒,然后跳上了对方的滑板车,毫不理会身后"哇哇"大哭的小朋友。

奶奶扶起被推倒的小朋友,气急败坏地在孙子身后跑,揪到孩子后怒吼:"你怎么像个抢东西的机器人!跟你说了多少次,不能抢别人的玩具!要骂多少次你才长记性?"

即使父母连吼带骂,孩子还是照犯不误,你也常常遇见吧。

像个抢东西"机器人"

一位妈妈接到了老师的电话,说她的女儿有偷东西的行为。这位妈妈不相信,她觉得老师肯定是误会。回到家,妈妈把女儿叫到面前:"跟妈妈说实话,有没有拿别人的东西?"小女孩把头摇成了"拨浪鼓",说绝对没有。

晚饭后,妈妈在收拾女儿的书包时,意外地发现了一条陌生的项链。被询问的女儿说是同桌小朋友送给她的。"不要拿别人的东西,知道吗?你想要什么跟妈妈说……"小女孩举起手跟妈妈保证说:"我从来不会拿别人的东西。"

第二天,妈妈却发现女儿书包又多了一个陌生发夹……气愤难抑的妈妈随手拿起身边的衣架把女儿打了一顿。

自此,孩子每次看到妈妈拿衣架就很紧张。

"就像一件雨衣,我的话就像雨水!不打吧,不听;打吧,却有阴影……"

像雨衣的孩子

005

心理咨询师妈妈的科学育儿法：
养育温暖而勇敢的孩子

不打吧，不听；打吧，却有阴影。你也常常遇见吧。

不少爸妈经常跟我说，

"我怀疑孩子根本没听我说，把我当空气"；

"我有时怀疑孩子是不是智商有问题，教育了一小时还是满脸懵"；

"吼的时候有用，没吼就没用，真心累啊"；

"打不行，不打也不行，真不知道怎么办"；

……

耐心说，孩子听不进；讲道理，孩子听不懂；忍不住怒吼打骂，效果不佳还留阴影……父母跟孩子的沟通，就像"对牛弹琴"，当你使出了"十八般武艺"，孩子却当你"耍杂的"，这是无数爸妈的心声。

2. 不定时"情绪炸弹"

作为父母，你对下面的情景肯定也不陌生：

一位妈妈笑容满面地推着购物车进超市，她的儿子蹦蹦跳跳地跟在后面。突然，小男孩大叫："妈妈，我要买这个坦克玩具！"

妈妈皱了皱眉头，回答说"不行"。小男孩立即变脸，张开嘴巴大哭，凄惨的声调让旁人以为是谁把他揍了。

见妈妈没改变主意，小男孩开始跺脚还大喊："我就是要坦克！我就要！"看见妈妈摇了摇头，小男孩干脆躺在地上打滚，暴躁异常。

妈妈气得眉毛往上挑，一抬头看到路人围观的目光，尴尬地笑着对旁人说："家里玩具都有一箩筐了……"

坦克一箩筐了，还要！

006

第一章
一本真正懂孩子的书

早上起床后，3岁的小女孩走到桌子前，双手拍打爸爸的电脑键盘，一边拍一边"哈哈"大笑，小屁股在升降椅上弹跳，比喝完一瓶奶、舔完三根冰淇淋还要高兴。

爸爸听到声音后走进来，把她抱离电脑桌，小女孩紧紧抓着桌子不放，但力气太小，还是被爸爸抱到了沙发上。

伤心是因为太伤心

坐到沙发上的小女孩张开嘴巴伤心地大哭起来。

"你哭什么？爸爸又没打你！"

"我伤心！呜呜……"

"你乱拍打我的电脑，该伤心的应该是我好吗！"

"我伤心的原因……呜呜……是因为我太伤心了！呜呜……"

说着说着更伤心了，伤心得抽噎，再也说不出话。

一个小男孩趁奶奶在做饭，偷偷地从冰箱拿冰淇淋吃，被奶奶发现了。

奶奶跟孙子说："吃冰淇淋肚子会爆炸，有个小朋友就是这样爆炸死掉了……"

小男孩露出惊恐的表情，不仅把手上的冰淇淋丢进了垃圾桶，连嘴巴里的冰淇淋也吐掉了。

吃冰淇淋肚子会爆炸的

当天晚上，睡到半夜的小男孩紧紧抱住妈妈，妈妈被抱醒了。面对疑惑的妈妈，小男孩开始哭，妈妈安慰了许久，小男孩才跟妈妈说："妈妈，我担心我的肚子在我睡觉时会爆炸……呜呜……"小身子还有些颤

007

心理咨询师妈妈的科学育儿法：
养育温暖而勇敢的孩子

抖。

"肚子不会爆炸的，别瞎想！"

"不是的，奶奶说吃冰淇淋肚子会爆炸，我今天吃了很多……呜呜……有个小朋友就是因为肚子爆炸死了……"

妈妈无论如何劝说都没用。

吃饭了，妈妈在饭桌上给女儿碗里夹了一根青菜，一边夹一边慈爱地说："多吃青菜身体才能保持健康哦。"

"妈妈，不要！吃了青菜会塞牙齿，塞牙齿就会蛀牙，我就会变成爷爷那样，没牙齿吃东西了！"小女孩紧张地跟妈妈说。

"刷牙就不会塞牙齿呀。"

"不能的，爷爷小时候也刷牙。"

"谁告诉你的？"妈妈皱起了眉头。

"幼儿园的小雅说的，她就是因为吃了青菜，现在掉了一颗牙齿。"

"她是在换牙齿……"

"不是的，小雅说她和哥哥现在都不敢吃青菜了……"

妈妈真不知道该怎么教育孩子了。

不少爸妈经常跟我说，

"每次生气就往地上滚，我真担心我家孩子将来怎么融入社会"；

"有时会因为一些小事就很伤心，我和孩子的爸爸都不这样"；

"一被吓就很害怕，怎么劝都不相信"；

"会习惯性地担忧焦虑，爱往消极处想事情"……

脾气坏、情绪失控、消极情绪附身的孩子只发生在你家吗？其实你家孩子"不孤单"。生活中，不仅有失控的小孩，还有崩溃的父母。

第一章
一本真正懂孩子的书

一个小男孩拿着妈妈的手机，一会儿听歌玩游戏，一会儿还打开聊天工具乱点。

看到一个名为"怪物史莱克"的头像发了一行文字，小男孩一边喃喃说"怪物史莱克，受死吧"，一边点开了动图，给"怪物史莱克"发了一个"请你吃粑粑"的动图，然后兴奋地跟妈妈说："妈妈，我请怪物史莱克吃粑粑，哈哈……"

妈妈傻了眼，"怪物史莱克"是自己的上司，上司正在群里给她布置任务，更严重的是，群里还有客户在！看到上司回复"你是不是喝醉了"，妈妈脑袋一片空白，差点没晕倒。

妈妈着急地一把抢过了手机，忍不住生气责备："谁让你乱发东西？"

小男孩被妈妈吓坏了，抬头呆呆地看着妈妈。他不知道为什么妈妈会因为一只怪物吃粑粑而生气。

一位筋疲力尽的爸爸下班回家推开门，发现女儿拆开了他的快递包裹，快递包装纸和一些纸皮碎撒在地上。

定睛一看，女儿左手拿着奶油面包在啃，奶油正从手指缝里一滴滴流在身上；而他的耳机呢？被捏在同样沾满奶油的右手上，黑色耳机的海绵布上面，早已经沾上了斑斑点点的白色奶油，可怜的耳机此

心理咨询师妈妈的科学育儿法：
养育温暖而勇敢的孩子

刻被女儿当成另一块"面包"，正在跟左手的奶油面包在"互蹭"！

"走开！"爸爸眉毛发抖，就像一只凶恶的海豹正在对着面前的小企鹅嚎叫，小企鹅"哇"一声号哭起来。

当爸爸冲过去抢夺耳机时，小女孩连滚带爬地抓着奶油面包和耳机，哭喊着跑进房间找妈妈。

因为用蛋花汤"洗澡"，姥姥成了变脸玩具

姥姥从厨房盛出汤，小心地端到了外孙女面前，还笑眯眯地说："小心喝，别洒了！"

小女孩边看电视边喝汤，看到动画片里洗澡的场景，一忘情便把大半碗蛋花汤都浇在了身上。

"你知道姥姥为了你这碗汤花了多少时间和心血？我早上6点爬起来，走了3公里到农民家里给你买柴鸡蛋，做出来的蛋花汤竟然被你洒了！呜呜……"老人说着说着伤心地哭了起来，声音也变了。

小女孩被姥姥的反应吓呆了，一动也不敢动，她很奇怪姥姥怎么突然像变脸玩具一样，前一秒还笑眯眯，后一秒就哭了。

不少爸妈经常跟我说，

"没生孩子前是淑女，生孩子后是泼妇，从没想过我会这样"；

"我也知道不能凶孩子，但有时孩子太让人生气了，我实在是忍不住"；

"每次发火之后就很懊恼"；

"我也觉得我没耐心，我有时真的太累，但我不知怎么办"；

"孩子不尊重别人的付出，有时真让人伤心"……

娃是"情绪炸弹"，大人忍不住成了情绪"怪物"？孩子情绪难自控，大人情绪失控，其实你不是一个人在苦恼。

第一章
一本真正懂孩子的书

3. 小孩玩不好"孩子圈"

作为父母,你对下面的情景同样一定也不陌生:

一个安静的小男孩拿着挖沙子的玩具在认真地玩沙子,他用铲子一铲一铲地将沙子铲进桶里。

突然一位年龄稍小的小男孩跑到他身旁把他推倒,还粗鲁地扯着他的衣服要抢他手里的铲子。

安静小男孩似乎被吓坏了,满脸惊恐地主动献出铲子。

粗鲁小男孩还不满意,伸手又要抢安静小男孩手里的桶,安静小男孩又惶恐地主动送出了桶。

最后安静小男孩一脸无辜地站着,眼睁睁地看着粗鲁小男孩把沙子铲到自己身上。

愤怒的妈妈赶到后,教育孩子说:"你要反抗呀,不能让人欺负!"

安静小男孩小手卷着衣角,眼泪汪汪地说:"我不敢!"

被人欺负时,有些孩子完全不懂反抗。

在幼儿园的绘画课里,所有小朋友都在安静地画画。

小豆豆正一笔一画地画着小皮球,手里的铅笔突然被抢走,抬头一看,是小娜。

小豆豆抿抿小嘴巴,拿出一支黄色的彩色笔继续画,又被小娜抢走,最后小娜连桌子上的画纸也要抢。

011

心理咨询师妈妈的科学育儿法：
养育温暖而勇敢的孩子

小豆豆着急地扯着画纸，她的反抗激怒了小娜，愤怒的小娜一伸手，小豆豆脸上一下子就留下了两道红色抓痕。

小豆豆回家后，爸爸听到了女儿的经历，生气地说："下次她再抢你东西，你就打她，用尽全身力气！打不赢别回家！"

小豆豆很沮丧："爸爸，我用尽力气也赢不了！因为她会打得更凶。"

妈妈在一旁也担忧地说："不能怂恿孩子打架吧？"

被欺负反抗，有时孩子却被打得更狠。

公园里，几个小孩在捡落叶。一个穿短裤的小女孩捡起一片红色的落叶，兴高采烈地跑向旁边三个穿裙子的小女孩面前说："看，我捡的这片是红色的……"

这时黄色裙子的小女孩跟她说："你走开，我们不跟你玩！你穿裤子，我们穿的是裙子，穿裙子的才能一起玩……"

短裤小女孩定定地看着她们，不知道自己是要离开还是坚持，僵持了很久，最后只得沮丧地离开。

"她们不喜欢我，妈妈！"

"那你就自己玩呀，自己也能玩得很好。"女孩脸上闪过一丝失望。

孩子有时会因为一些幼稚的小理由被别人排挤。

在一个小操场上，一位平头小男孩把一位戴眼镜的小男孩拦住了，恶狠狠地跟眼镜小男孩说："你不能来这里玩，否则我会打你！"

眼镜小男孩不理会，踩着滑板车就往前面滑，被平头小男孩

第一章 一本真正懂孩子的书

打了一拳，还被推倒在地，眼镜也掉在了地上。

平头小男孩把眼镜捡起来，几个小孩兴奋地把眼镜传来传去。

最后，平头小男孩还把眼镜放进了裤袋里，哈哈大笑地说："他没戴眼镜时，就像一条金鱼，哈哈……"

平头小男孩的妈妈有些恨恨地说："经常教育他要对其他小朋友友好，有时我真想把他关家里一辈子，就不会闯祸，但小孩子不能总被关着呀！"

有些孩子总爱欺负别的小朋友，并且屡教不改。

多年来，我收到无数爸妈对自己孩子在人际交往方面的抱怨：

"我家孩子太软弱了，不懂得保护自己"；

"被人打了只会哭，从来不会还手"；

"我家孩子被人欺负也没告诉父母"；

"我家孩子太霸道，总喜欢抢东西和欺负人"……

孩子玩不好孩子圈，人际"试卷"常得鸭蛋？孩子总被人欺负或喜欢欺负别人，这在孩子们的成长过程中并不少见。

4. 你有没有"父母上岗证"

2015年，曾经有一位62岁的中国退休老人想到芬兰帮忙照顾孙子，结果被芬兰以"虚构照顾孩子工作岗位""没有照顾孩子的培训证明"等理由被要求离境。

北欧重视养育孩子，不少北欧国家的年轻人结婚前或生孩子之前，需要接受家庭教育的培训学习，才会被认为"有资格"养育孩子，培训比例达到了70%。孩子出生后，父母还要与时俱进学习新的养育知识。可见人家对"如何正确地养育孩子"的重视。

在我跟父母们接触和沟通的这几年，无数父母不止一次跟我说，"养

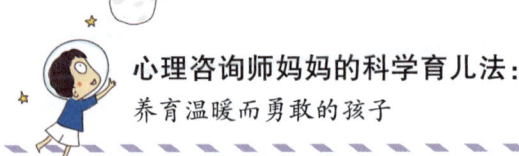

心理咨询师妈妈的科学育儿法：
养育温暖而勇敢的孩子

孩子真难呀""教育孩子真不容易""我不知道如何养育孩子"……有70%的父母坦言自己不懂家庭教育，超过70%的父母不知如何有效地教育孩子。对于教育，我们的父母也常常"找不到北"，他们不仅缺乏科学的养育知识，教育孩子全凭下意识的反应，遇到困难也不知道怎么正确地应对和解决；让人担忧的是，他们对网络上一些育儿文章缺乏基本的判断和思考，盲目套用一些没有科学依据的方法或经不起实践考验的所谓"经验"，用在自己孩子身上起不到效果甚至起到了反效果，从而一次次地陷入育儿焦虑中。

倘若父母们从一开始便真正地懂孩子，懂得正确的教育方法，就容易让育儿走上良性的循环轨道；倘若父母们从一开始便使用了大量错误的教育方法，便容易陷入育儿"死胡同"的恶性循环。所以越早懂得科学正确的教育方法，对父母和孩子越好。

高尔基说，"单单爱孩子，这是母鸡也会做的事情，可是善于教养他们，却是一桩伟大的公共事业"。作为父母的你，"持证上岗"了没？

我是心理咨询师妈妈

身边的亲戚朋友常常羡慕我养了一对好儿女，他们爱跟人交谈，有什么困难都会告诉爸妈；他们很少发脾气，待人接物笑容满面；他们习惯关心身边的人，也不缺乏玩伴；亲戚朋友们也常常羡慕我养育两个孩子竟然没有育儿烦恼。

014

第一章
一本真正懂孩子的书

　　的确如此，我为两个孩子感到自豪。儿子善良、做事情认真、对学习永远保持热情和好奇，是个标准的"小暖男"；女儿可爱、自信，对目标执着，是个自主意识非常强的孩子。他们是他人眼中的"别人家的孩子"。

　　正因为如此，有不少爸妈以为我一定是每天花了大量的时间陪伴和教育孩子，所以才把孩子养育得这么好。

　　但事实上，我一天基本的工作时间为14小时，就像忙碌的母松鼠。每天早上5点，我会准时起床，帮还在睡梦中的孩子们盖好被子，蹑手蹑脚走出房门。当窗外的街道还是漆黑一片时，我便坐在电脑前，开始写文章、画漫画、回复爸妈们的留言，帮助他们解决育儿问题……这常常已经花掉了我大半天的时间。即便如此，我还坚持每天挤出一些时间阅读和学习，因为没有营养的树长不大。

　　每天的计划塞得满满的，我还坚持跑步。我是长跑爱好者，热衷马拉松。即便在我被催稿的工作日，也不忘到珠江边跑上10公里。

　　所以，我每天陪伴孩子的时间，是从我的时间海绵里挤压出来的时间。非常珍贵，每天不可或缺，但是效果丝毫不差。我的孩子们不仅在我的陪伴下爱上阅读，发展了自己的兴趣，还对学习产生浓厚的兴趣。

　　两兄妹常常在阳台铺上垫子，哥哥拿着精彩的故事书，妹妹翻着硬纸书，有时哥哥还给妹妹分享有趣的故事；哥哥大声朗诵古诗词，妹妹也一本正经地拿着诗歌本本找妈妈教；哥哥练习毛笔字，妹妹也拿起毛笔在一旁笨拙地描画；哥哥爱画画，妹妹爱在墙上、地板上、甚至我的衣服上涂鸦；哥哥搭建纸皮屋，妹妹也会用尽力气把纸皮拖到客厅……虽然有时他们也会捣蛋，闹小脾气，妹妹也会欺负哥哥，哥哥有时也会说"妹妹不是小淑女"……但我常常能很快地跟他们沟通，帮助他们正确地处理情绪和小矛盾。所以他们是一对亲密无间的小兄妹。

　　其实，我之所以每天精力充沛，还能教育好孩子、跟孩子们保持亲密的亲子关系，归因于我在育儿和学习过程中实践出来的一套简单、科学并

015

心理咨询师妈妈的科学育儿法：
养育温暖而勇敢的孩子

且非常实用的幼儿教育方法。即使我是工作狂妈妈，但也愉快被娃"虐成狗"，一切皆在不亦乐乎中。

十多年前，我已经是心理学铁杆粉，我不仅学习了系统的心理学知识，后来专攻儿童心理学，再后来还对行为设计学产生了浓厚的兴趣，再再后来，我的孩子们出生……我的这套育儿方法，便由此而来。

1. 粗鲁胖老头，让我迷上心理学

记得我开始对心理学产生浓厚兴趣，是在大学时的一堂心理学公开课上，讲台上的教授讲了这样一个故事：

在中世纪的西欧，有一位孩子叫安姆，不小心掉进了湖里，因为不懂游泳而拼命呼救，眼看着就要沉进水里。

孩子的妈妈在岸上呼天抢地，慌张得面色发青，大喊："救救我的孩子，他不会游泳。"

岸上没有人会游泳，正当众人犹豫着要不要跑回村里叫人时，一位棕色大胡子的胖老头从腰间掏出一把枪，大吼："你给我游回来，要不然老子毙了你！"声大如洪钟，说着便朝湖边开了两枪。

岸上不少人愤怒了，正要责怪老头冷漠时，没想到孩子"扑通扑通"地自己游回来了，最后被目瞪口呆的众人拉了上来。

这时孩子的妈妈不敢相信，她困惑问胖老头："你是怎么让我儿子突然会游泳的？"胖老头笑眯眯地把枪塞回腰间，没说一句话便转身离开了。

教授说，这便是心理学的魅力。

后来我看到了另一个相似的故事版本——《拿破仑和士兵》，不过这是后话了。但当时坐在座位上的我，久久也不能合上嘴巴，对！是惊讶，也是震撼！从此，每当我去图书馆，专爱挑心理学方面的书籍看，也迅速成了心理学的"铁杆粉"，后来还专门系统地学习了心理学，考了心理学证书。

2. 害羞老师一句话，让我沉醉儿童心理

大学毕业后，我参加了工作。某天因为小感冒请假休息一天，便一个人抱着一本书到了住所附近的公园看书。正因为在公园里目睹了一件小事，让我对心理学有了不一样的认识。

当时，我在湖边的石凳上坐下没多久，来了一群郊游的幼儿园小朋友，由几位年轻的老师带着在旁边的草地上玩耍。

没多久，我听到了小孩的哭声，我抬起头，看见一位穿绿色衣服的老师走过去安慰一个摔倒在草地上的卷发小男孩，但老师的安慰没起作用，反而让孩子哭得更厉害；这时，另一位穿蓝衣服的老师走过去，跟小男孩说了几句后，孩子竟然破涕为笑，开心地跑开了。我暗暗称奇，心想她一定是一位非常懂孩子的老师。

后来上厕所时碰巧遇到了蓝衣服老师也在洗手间，我忍不住问她是否有什么法宝，这么容易就让哭泣的孩子破涕为笑。蓝衣服的老师发现自己被陌生人关注还有点不好意思，她羞红脸说："没什么，我只是称赞他摔倒了还很勇敢，保护了身下的一朵小菊花……"

在那刻，我心里突然想到了一个词：儿童心理学。从此，我便开始钻研儿童心理学。

跟所有妈妈一样，当第一个小生命在我肚子里开始孕育时，我便迫切地阅读一些育儿专家的育儿书籍，希望从一开始便给宝宝正确的教育。但

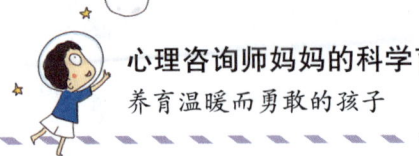

是我常常会在阅读一些育儿书籍的过程中感觉"卡了壳",因为书籍中的不少育儿经验和说法,跟我脑袋中的心理学知识冲突了,那种不一致的感觉让我很难受。例如,有些育儿作者说孩子长时间玩电子游戏不用管,孩子玩了一段时间便会自动放弃,但心理学上有个名词叫"成瘾";还有些育儿作者说,孩子在房间写作业时,父母可以在客厅看电视,不会影响到孩子,但心理学认为,"二手电视"会让孩子分心加倍……

后来我终于找到了答案:很多育儿书籍作者分享的经验和方法,常常只是"一家之言",缺乏科学性。虽然科学的也不一定是绝对正确的,但科学是当前最优的,因为科学总是在不断进步,科学的也是经过实验验证过的,是我们目前为止能提供给孩子最好的教育。所以我干脆放弃了那些纯"经验主义"、缺乏科学性的育儿书籍。

再后来,我也曾经尝试把国内一些知名育儿专家的方法用在自己孩子身上,却屡屡不得法,再一次证实了我当初的结论:缺乏科学性的育儿方法和经验,其实不适用于大部分孩子,有时还可能起到反作用。

3. 行为设计学育儿,也顺便减了产后四十斤肉

第一次迷恋上行为设计学,是因为有一次,我为了让喜欢在厕所乱撒尿的儿子瓜瓜好好尿,而从他的贴纸书上撕出了一只小蚂蚁贴纸,然后贴在了蹲厕坑旁边的边缘上。我跟他说:"调皮的小蚂蚁要爬出来吃你的糖

第一章 一本真正懂孩子的书

果,你每次上厕所的任务,是把这只讨厌的小蚂蚁冲走!"儿子当时还很小,但听到我的话还是两眼发亮,"嘻嘻哈哈"地立即说"要尿尿"。自此瓜瓜每次上厕所都非常积极地"执行任务",乱撒尿的行为消失了。后来贴纸融烂后我又贴了其他小动物贴纸,儿子乐此不疲。

我非常惊喜,"设计"了前提,美好结果便这样发生了,哪里需要痛苦的管教呢?自此便迷上了行为设计学。我常常边学边用,孩子和我都是行为设计学的受益者。

记得我生完女儿果果后,体重从原来的一百斤飙升到一百四十多斤,加上身材矮小,孩子的爸爸有时调侃说:"每次出街就像牵了一头猪出门!"我也觉得体重升得太离谱,我深知健康的重要,不仅把荒废了差不多一年的跑步重拾回来,还买了一只体重计放在靠近门口的位置。每天出门进门总看见,每一次看见便顺便称一下。发现体重减了,我继续积极跑步;发现体重升了,我更积极地跑步。断奶后不到半年,我的体重几乎恢复到孕前的水平。即时反馈,能帮助提高积极性。

有一年春天,儿子经常因为玩耍而忘记喝牛奶。春天是孩子们长高的加速期,我也不想让孩子错过长高的好时机。所以我特意把瓶装的牛奶放在了鞋柜上,跟他的鞋子放一起。他每天出门穿完鞋子拿一瓶就走,从此喝牛奶没有一天落下。简化执行步骤,就能大幅提高执行效果。

儿子有一年学溜冰,我听说了不少学溜冰的孩子半途而废,我便给他找了个同伴,邀请他的小表哥一起学。孩子们有同伴一起学特别有动力,当一个孩子看到另一个孩子进步了,便迫切地想赶上而加强练习,还常常在练习中相互教。结果两个孩子很快便学会了溜冰。相似而积极的同伴,能

019

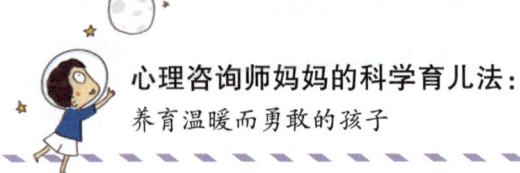

给孩子带来正面的驱动力。

4. 科学的育儿，才是靠谱的育儿

霍金先生曾经说过，科学是人类智慧的结晶和硕果。随着我对心理学、儿童心理学与行为设计学学习得越来越深入，我发现我常常能从复杂的知识中创造出简单的方法，用在孩子身上高效又实用。

相比起"经验主义"，科学的教育是家庭教育的理想选择。父母给孩子最好的教育，就是科学的教育。这个说法我从自己孩子身上得到了印证。

记得有一天，儿子的幼儿园老师告诉我，"你家孩子与众不同。"我困惑地问为什么。听完老师的解释后，我不由得笑了。

话说当天在孩子们参加早操活动时，有位小女孩被脱落的鞋带绊倒了，伤心地坐在地上不起来了。老师跑过去帮孩子系好鞋带，还耐心地安慰，小女孩不理会，似乎更伤心了。当正式上课时，所有孩子都回到了教室，唯独小女孩一人还坐在那里伤心。老师苦恼地不知怎么办时，瓜瓜走到了小女孩旁边说："小孩子摔倒了能站起来，会越来越勇敢的。"小女孩抬头看了看瓜瓜，不搭理。瓜瓜继续说："妈妈说'抱一抱'会有魔力，能让人勇敢，我给你一点魔力吧！"说着瓜瓜轻轻地搂了搂小女孩，小女孩"咯咯"笑了，最后两个小娃儿手牵着手，回到了教室。一旁的老师看在了眼里，所以便有了上面的评价。

有人说，那是你家孩子天生是个小暖男。其实我的两个孩子，在他们婴儿期也喜欢哭闹和生气，对大人说的话一脸困惑，也曾经遇到各种各样

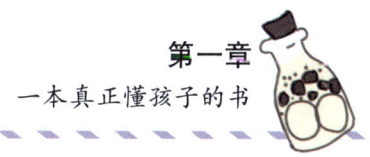

的问题……

所以父母们教育孩子力不从心时不需失去信心，因为"没有教不好的孩子，只有不懂教育的父母"，只要学会科学的方法，养育孩子的难题常常能迎刃而解。

5. 得到越来越多父母的鼓励

我曾经收到一封信，其实是我的一位读者妈妈用手机拍摄的"信"。

图片里，白色的小纸片上是一位可爱的小女孩稚嫩的笔迹。信的内容也很简单："谢谢你让我变成可爱的小公主。"文字的旁边，小女孩画出了一位既在哭又在笑的羊角辫娃娃的涂鸦形象。孩子的妈妈解释说，这是一位以前爱哭现在爱笑的小女孩的形象。我感觉很温暖。

是的，我已经帮助了不少父母和他们可爱的孩子。从四年前我开始专职投身微信公众号"幼儿说"之后，我知道了很多爸妈的困扰，也接触了无数家庭的真实育儿故事。每次听到父母们描述他们孩子的问题时，我总能感同身受，因为我是两个孩子的妈妈，也是心理咨询师，我懂得他们的焦虑和纠结。

正如我在上文提过的，无数家庭感觉教育孩子"力不从心"，一方面因为他们常常从手机上采用了一些育儿作者分享的缺乏科学依据的方法不得法或致情况更糟，还有些父母因为在手机上看到了相互矛盾的说法而愈加焦虑；另一方面，我们大部分父母也没有接受过系统的育儿学习。所以我们的大多数父母，一边对孩子的养育做"下意识"反应，一边陷入深深的焦虑中。

非常庆幸的是，我用自己总结出来的方法帮助了不少家长和他们的孩

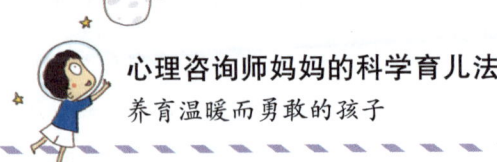
心理咨询师妈妈的科学育儿法：
养育温暖而勇敢的孩子

子，我感谢他们的尝试，并且得到了不错的效果。

记得有一位爸爸给我留言，说他与儿子难以沟通，常常怀疑自己养了一个有"智力障碍"的孩子。他给我举了一个例子：一家三口去爬山，一路上他给孩子说了很多道理，目的是为了告诉孩子，小孩子自己走路能锻炼意志力。小男孩一开始也应答得很爽快，但到了山脚没走一会儿就要"抱抱"……这位爸爸很生气。听到他的描述我便笑了，我跟他说孩子没问题，有问题的是父母对幼儿的认识。我给了他一些建议，后来他说"原来跟孩子沟通一点儿也不难啊"。这也是本书在后面重点介绍的内容。

有一位邻居妈妈曾经跟我抱怨说，她的女儿太懒了，不愿做家务，连自己的玩具也懒得收拾，被批评还会哭闹，完全听不进教育。我给了她一些建议。后来有一次，母女俩上街买了很多家庭用品，回家的路上，我刚好跟在她们后面。因为她们的谈话太投入，我便没有打搅。母女俩说着说着，小女孩突然放下了手上的玩具，生气地说："太累了，我不要拎了！"这位妈妈立即提醒了一下女儿："喂喂，你在干嘛呢？"这时小女孩"嘻嘻"笑了一下："好吧好吧，给我拎吧！"小女孩便把玩具扛肩上，脚跟拖沓着走路，看来真的累了，但她坚持了下去。我跟在她们后面，真的既温暖又感动。我非常清楚地知道这位妈妈对女儿提醒的背后，她所付出的努力。孩子的妈妈后来也跟我提过，现在小女孩已经懂得了情绪管理。

有一年，我在一亲戚家住了一段时间，亲戚家有位七八岁的小男孩。某天，正逢小男孩生日，要在家里切蛋糕玩游戏庆祝，孩子还邀请了几个同学。但是到了几个孩子约定的切蛋糕时间，仅来了一位同学。小男孩伤心地大哭起来，一边哭一边说"他们都不喜欢我……"孩子的妈妈也为几个小朋友的聚会而准备了很多零食，她也急得团团转而抱怨起来。我跟母子俩谈了一个多小时，小男孩的妈妈后来说，很感谢我跟他们的谈话，因为生日庆祝后没过多久，小男孩跟同学的关系越来越好了，还交了几位关系亲密的好朋友。

得到了越来越多父母的鼓励，我也获得了成长。我想，何不让更多父母受益呢？所以便有了这本书，也因为这种想法，我在这本书上投入了大量的时间和心血。

6. 为人父母最大的幸福是什么

记得有一位教授的哲学课是这样上的：

他拿出一个空的玻璃罐放在讲台上，先往里面放上了几个高尔夫球，这时高尔夫球已经几乎占了玻璃罐一半的空间；接着教授再放入小石头，这时玻璃罐的3/4几乎被占满；教授再加上沙子，左右摇晃了一会，玻璃罐似乎已经没有了任何空间；教授最后往里面倒上了啤酒。

幸福的"玻璃罐"

教授说，高尔夫球，代表家庭、健康和热情；石头代表车子、工作和房子；沙子代表一些无关重要的小事情；啤酒代表娱乐。教授最后的一句话意味深长："你应该把真正重要的事情放在首位，否则你的时间便被耗在了小事上……"

这便是幸福玻璃罐的故事，你最先装入的，应该是家庭。

是的，把家庭放在首位，人才会真正得到幸福；接着是健康和热情；其次才是工作和其他东西。知名心理学家乔纳森·海特说，现代科学已证明，大多数情况下，金钱、权势、地位等身外之物会受到"适应原则"的影响，不会给我们带来持续的幸福。而要找到幸福，就是追求自己的内心。这个内心，便是那些让你感觉到真正幸福的东西。

为人父母最大的幸福，莫过于每天看着孩子慢慢地长大：

从他们奶声奶气地呼唤爸妈，到张开小手臂、迈开小脚丫向我们跑来；到父母们通过正确的养育方法，帮助孩子获得良好的沟通方法、学会妥善处理情绪、掌握人际交往的窍门，辅助他们建立属于他们的人生价

心理咨询师妈妈的科学育儿法：
养育温暖而勇敢的孩子

值观，找到生活的意义；帮助孩子们专注于他们的兴趣、执着于他们的梦想，成为一个善良而勤奋的人，拥有自己的幸福人生……

这便是为人父母的幸福了。在孩子们快乐成长的过程中，父母们也能专注地投入健康、热情、工作和其他东西，顺便实现自己人生的幸福，这大概便是幸福父母最美好的人生境界了。

无论家庭贫穷还是富裕，无论性格暴躁还是耐心，其实每一位父母总有机会成为优秀的父母，只要懂得正确而科学的方法。科学方法的第一步，就是要了解孩子的大脑和思维习惯。

第二章
认识孩子的大脑和思维

孩子的大脑与成年人不同,他们的心理和思维也有他们特有的表现,这也是教育孩子是否有效的关键。

这一章,是我在国内外一些权威的科学研究基础上,通过创造"五条坏虫子",实现对孩子简单高效教育的方法。

心理咨询师妈妈的科学育儿法：
养育温暖而勇敢的孩子

在一片海洋中，船长先生神情专注地驾驶着轮船驶往一个叫"梦想"的目的地。突然，不知从哪里来的一只小猴子跳出来，抢走了船长先生的船舵，把轮船驾往一个叫"安逸"的目的地，直至完全掌控了轮船的方向。

当船长先生因为不能阻止小猴子而感到难过时，一只怪兽出现了，它大吼一声，小猴子差点吓破胆，"咚"一声跳进海里去了，船长终于夺回了船舵，继续驶向他的梦想目的地。

这片海洋代表"脑袋"，这只猴子代表"放纵"，船长先生代表"理智"，而这只怪兽代表"恐惧"。

了解幼儿心理

1. 无意识发生的"怪象"

一个嘴馋的小男孩在晚上趁爸妈睡着后爬起来偷吃糖，把整整一罐糖吃光了。第二天被发现了，妈妈严厉批评孩子。小男孩一本正经地说："妈妈，不是我偷吃的，是'另一个我'！我昨晚睡着后，'另一个我'嘴馋起床要吃糖，我爬起来打'他'，结果他不仅把我打倒在地，还把糖果吃光了……"

第二章
认识孩子的大脑和思维

不过，下面的情景或许更常见：

有一次，我跟朋友在饭馆吃饭，邻桌是两对母子，两位妈妈带着她们各自的儿子。两个小男孩一开始还挺规矩地吃饭，吃着吃着就开始打闹。其中一位穿黑色衣服的小男孩玩得过于兴奋，把自己面前的一杯温水浇在了穿蓝色衣服的小男孩头上，蓝衣小男孩愣了一下，"哇"一声委屈地大哭起来。而黑衣小男孩似乎也被自己的举动吓了一跳，他赶忙跟两个大人辩解："我拿起杯子……就倒了，我……我不是故意的！"黑衣小男孩的辩解激怒了他的妈妈，她拎起一只筷子，抓起孩子的一只手便打："我看你狡辩！做了坏事还狡辩！"蓝衣小孩的妈妈很不高兴，她用纸巾帮自己儿子擦着头，最后没说几句话就牵着孩子离开了。

很多父母认为，这样的孩子做事"不经大脑"。如果你觉得上面的孩子是在为自己找借口，下面这些经历，作为成年人的你一定不会陌生：

我们很多父母，本想着在下一秒钟投入工作，但突然听到手机"叮"一声，便打开了手机，阅读朋友给我们发来的微信，接着被某个有趣的订阅号的推送信息吸引，最后顺手逛逛朋友圈、刷刷新闻、看看视频……两个小时后突然惊觉："我刚才不是想工作来着？"

我们很多父母，给自己拟定了新目标，决定每天晚上陪孩子阅读，但真正到了阅读的时间，却不由自主地躺到了沙发前看电视，到睡觉时才发现："我刚才不是想陪孩子看书来着？"

我们很多父母，疲倦缠身走进家门，一眼看到玩具撒满客厅，孩子神情呆滞地看电视，并且还听说孩子已经看了三小时，瞬间喉咙发堵、脑袋发烫，便冲孩子大吼大叫，吼完后自己也吓了一跳："我刚才怎么像突然变了一个人似的？"

我们很多父母，带着尊重孩子的心态，带孩子到书店买书，本想让孩子买他自己喜欢的绘本，到最后却买了一本认字书，被旁人一问，便"有想法"地告诉对方："孩子还是看有用的书更好。"

我们很多父母，本想让孩子经历一些事情，当买好了门票，决定带孩

027

子挑战"鬼屋"时，家长自己反而犹豫起来："孩子会不会被吓坏？我自己也可能会被吓坏的……"带孩子离开后，家长也颇为尴尬："我们不是经常鼓励孩子勇敢吗？"

为什么人的有些行为，似乎是无意识发生的？认识了下面的大脑"块理论"，你便能找到答案。

2. 脑瓜里有"不负责任总裁"

美国著名神经科学家保罗·麦克莱恩（Paul D. MacLean）说，大脑是三层包裹的结构，它们分别是：爬行动物脑、情绪脑和理智脑。它们分别代表了人类进化不同阶段的产物：

人脑最里面一层叫"爬行动物脑"，来自3亿年前的演化，是最古老的脑，负责人体的生理需求；

中间层叫古哺乳动物脑，负责情感，也被称为"情绪脑"，来自1亿多年前的演化，并留存至今。

而最外面一层叫新皮质，也叫大脑前额叶皮质（prefrontal cortex），也被称"理智脑"，来自4000万年前的演化。"理智脑"主管认知功能，具体包括注意、思考、推理等理性思维。相比起"动物脑"和"情绪脑"，婴幼儿期的"理智脑"极度不成熟。它是孩子大脑中的"不负责任总裁"，因

第二章 认识孩子的大脑和思维

为正是它，常常导致孩子的行为情绪与理智分离。

其实人的行为情绪与理智分离，这方面的医学例子不少见。

在美国认知神经科学家Michael Gazzaniga的研究中，有一位经历了脑割裂手术的男人。这个男人有一天因为某件事情跟妻子闹了一些小矛盾后，他用左手抓住自己的妻子，不停地摇晃妻子；这时他的右手做的是不同的举动，这只右手使劲地抓住左手，企图不让左手伤害妻子。

在另一个研究中，科学家给一个割裂脑症状的病人的右脑呈现一根香蕉，同时给他的左脑呈现一个苹果，当科学家让他用左手画出他所看到的东西时，他画出了香蕉；接着，科学家问他刚才用左手画了什么，让他用右手指出来，病人的手指指向了苹果。

上面两个例子，被人称为"割裂脑效应"，虽然是人的同一个大脑做出相互矛盾和相反的举动，这是一种特殊的情况，但是也给脑科学家们研究大脑与行为的关系提供了非常好的方向——人的行为也许不受人控制，行为情绪与理智经常分离。

其实，在孩子们的成长生活中，父母们也常常找到相似的例子。

一位产后妈妈带着小丑面具，企图逗笑她那位正在婴儿床上哭闹的宝宝，没想到宝宝一看到面具立即发出尖锐的啼哭，不仅哭得面色发紫，还开始大口地吐奶……把妈妈吓坏了。

观察人的面部表情，是人类的生存之道，如果宝宝无法辨认小丑的表情，便会陷入恐惧。我们想象一下，当一位原始部落首领面无表情地来到一位原始人孩童面前，孩童一定会感觉不安，因为没

029

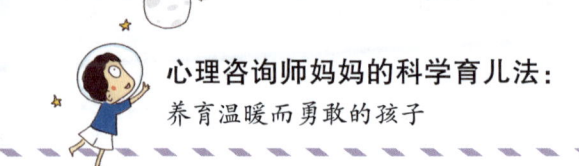

有任何表情的一张脸，很可能正酝酿着杀戮。所以，对未知的恐惧，便在人类的大脑刻下"烙印"。

我们常常也能在一些人类进化史资料中，看到下面相似的情景：

当原始人被豪猪刺伤时暴跳如雷，愤怒促使他们使出全部力气对豪猪进行反击，最终捕获豪猪回家；当原始人宝宝听到森林里怪异的叫声而浑身哆嗦害怕不已，害怕让他们不敢从乱草中爬出去，从而避免了被野兽吃掉的命运……

神经心理学家瑞塔·卡特说，"我们一直认为情绪是一种感觉，但这个词其实有所误导，因为它只形容了一半，确实有一半我们在感觉。事实上，情绪根本不是感觉，而是一组来自身体的帮助生存的机制，演化出来让我们远离危险。"

从人的一生来说，人脑最先发育的，是负责基本生理活动的"动物脑"和中间层的负责情绪边缘系统的"情绪脑"，所以寻求生存和情绪化是婴儿期小婴儿的基本表现。而大脑前额叶皮质是人脑发育最晚的皮质层之一，从宝宝们两三岁才开始正式发育，过程缓慢，一直持续20多年，孩子才发育成为一个情绪基本成熟的人。平均来说，大脑的发育要到25岁左右才能完善。因为大脑这样的发育特征，幼年时期孩子的大脑常常被"动物脑"和"情绪脑"主宰，所以孩子的行为和情绪表现也总脱离不了这两部分的影响。

一般来说，儿童对四五岁前的经历基本上无记忆，但危险和意外事故常常例外，这是"动物脑"的作用。如果一位40岁的成年人记得他4个月时从婴儿床摔下来的事故，可以说一点儿也不稀奇。宝宝们出生后，自我感觉弱小、没有独立生存能力，他们清晰地知道需要在足够安全的环境才能生存，那些生命早期的危险和意外事故，能成为潜意识而帮助幼儿更好地存活下去。

除此之外，小婴儿还爱啼哭。他们通过啼哭间接告诉养育者，他们希望获得怎样的养育。当宝宝们感到安全感受到威胁，比如饥饿了或感觉寒冷，他们的"情绪脑"会自动启用"哭闹模式"。因为所有人都知道，父

第二章 认识孩子的大脑和思维

母听到孩子哭闹会担忧或不高兴，甚至愤怒，但同时也提高了父母对宝宝的敏感性，增加了宝宝生存下去的机会。想想孤儿院的那些孤儿宝宝，当他们听到某个宝宝凄厉的哭声，可能就会引起整个寝室内的宝宝都哭了起来，因为哭声常常跟安全感威胁有关。同样地，稍大的两三岁的孩子也是"爱哭包"，当他们感觉不舒服或内心安全感受到威胁，也喜欢用哭闹来表达。因此"动不动就哭"成了父母对孩子的印象。

所以，幼年时期孩子的"原始人"反应，其实跟动物脑和情绪脑相结合的"生存机制"有关。

有一位脾气很好的年轻人，一次遭遇车祸后脑袋受伤，虽然年轻人头部的伤口很快愈合，但当他出院回到家之后，全家人发现年轻人的脾气变了。他常常会莫名其妙地生气，还总以扔东西砸东西发泄愤怒。他的电脑被自己砸了一台又一台，有时一个月内砸坏两三台电脑，家里的家具也被他砸得没有一件是完整的。年轻人说，他也不知道怎么回事，有时没有任何理由地便感觉脾气暴躁。医生说，年轻人的前额叶皮质在车祸中受伤，在手术中被切除了部分。

对幼儿来说，他们大脑的前额叶皮质在未够成熟前，充其量也是一个功能有缺陷的大脑组织，正因为大脑负责理性的前额叶发育缓慢，孩子小时候情绪自控力差，容易哭闹撒泼，是客观存在的事实。所以，幼年孩子的行为情绪与理智分离的现象，其实跟一位大脑受伤病人很像。

即使是成年人，由于个体的前额叶皮质发育不同，每个人的养育环境也不尽相同，有些成年人的"理智脑"发育得较好，有些较差。想想那些一

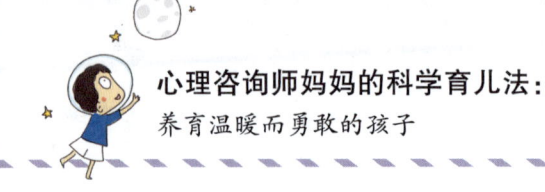

心理咨询师妈妈的科学育儿法：
养育温暖而勇敢的孩子

遇到挫折就瞪眼睛、吹胡子的成年人？他们的行为像小孩一样，出现行为情绪与理智分离是常态。

一个小男孩在晚上睡觉前，非常诚恳地答应妈妈，"我明天早上闹钟响了就立刻起床，再也不用大人催！"，结果第二天闹钟响了，情景如旧：孩子拉着被子盖住头，翻了翻身继续睡；妈妈眼睛里依旧充满无奈和沮丧。

一个小男孩懂事地跟妈妈说："我已经长大了，我能自己上厕所，再也不影响爸妈睡觉"，结果当晚睡到三更半夜，妈妈又听到儿子扯着喉咙叫喊："妈妈，厕所里有怪兽，我一个人不敢去"。

一个小女孩跟爸爸承诺"再也不哭闹，而是有话好好说"，结果当爸爸在超市拒绝给她买粉红色的长发芭比娃娃时，小女孩还是哭闹反抗："不买我就不走了！"

一个被地瓜烫伤的小女孩跟奶奶说："奶奶，我再也不着急吃东西了，要等你做好了我才吃"，结果当她闻到锅里飘出来的香喷喷的酱油鸡味道时，还是跑进厨房掀开了锅盖。

一个小男孩竖起两根手指，对爸爸发誓"再也不东张西望，一小时内专心做完作业，绝不拖到晚上11点"，结果第二天，放学后电视照看、玩具照玩……到了晚上10：55分，孩子瞪着"打架"的双眼、哭丧着脸跟爸爸说："我还没开始做……"

在大人们看来，孩子们是一群常常不守信用的"小猪"，说话不算数。其实是因为他们的脑瓜里住着"不负责任总裁"。

孩子们常常鲁莽、冲动，快乐了就"哈哈"大笑，伤心了就"哇哇"

032

大哭，不满意就发怒扔东西，他们就像一口清澈见底的水井，行为冲动、情绪外露明显。虽然他们在鲁莽和冲动后，在被父母批评时也会内疚或悔改流泪，也发出再也不鲁莽冲动的誓言，但你不用高兴，他们下一次该鲁莽还会鲁莽，该冲动还会冲动，该哭还会哭。因为幼年孩子的专长是"只做承诺"，而不是"履行承诺"。孩子的行为情绪与理智分离，养育过孩子的父母们，对此一点儿也不陌生。

3. 大脑是个弱肉强食的地方

最早的"大脑块理论"是2013年由进化心理学家Douglas T. Kenrick和Vladas Griskevicius共同提出来的，为了方便区分，他们把人脑从逻辑上分成了七个模块，后来有人说也可能不止七个，它们分别是：

自我保护模块、吸引配偶模块、保住配偶模块、群体认同感模块、关爱亲属模块、社会地位模块和避免疾病模块。

举个例子，有一位小男孩因为同伴的影响而出现偷窃的行为，当他被爸爸严厉批评时，他会跟爸爸承诺说不会再偷东西，但是当他跟其他孩子在一起时又会开始偷窃。这是因为在群体中，孩子大脑内部的"群体认同感"模块在起作用；当孩子在家里被爸爸批评时，孩子大脑内部的"关爱亲属"模块就会起作用，所以孩子会因为爱和亲情而有悔改表现。

用美国科普作家史蒂文·约翰逊的话说："大脑中的各个模块各有各的专长，它们不仅相互合作，又相互竞争。"

大脑，其实是一个弱肉强食的地方。各模块"指使"大脑的方法，是情感。哪种情感最强，就获得了"话语权"。除此之外，大脑中每时每刻都有多个不同的声音在并行，一个人每一个决策都是这些声音相互竞争的结果，即大脑的"大妈吵架机制"。其中大脑的"最终决策者"是额叶内区（Medial Frontal Cortex，位于前额叶皮质内），它负责把不同的声音汇总起

来，从而做出一个最终的决定。而这个决定如何做呢？很简单，谁的声音大听谁的。

举一个例子。一位爱吃糖的孩子出现在糖果面前，他的大脑会立即出现不同的声音：

声音1：吃糖会蛀牙；

声音2：吃糖会让我更快乐；

声音3：不吃糖会让我成为自律的好孩子；

声音4：吃糖后我会吃不下饭；

声音5：老吃糖会被其他小朋友嘲笑；

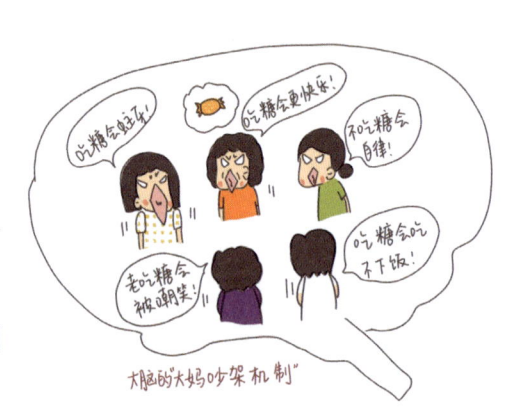

……

当"吃糖会让我更快乐"的声音最大时，孩子会不听从妈妈平时的劝告，放纵吃糖；当"老吃糖会被其他小朋友嘲笑"的声音最大时，孩子会自我控制不吃糖。

孩子们的"捣蛋行为"，很可能不是因为孩子"捣蛋"。

一位小男孩大热天的，执拗地要穿冬天的黄色毛衣出门。当他被妈妈拒绝和阻止时，不仅气鼓鼓地把妈妈要求他穿的蓝色T恤丢地上，还坚持不把身上的毛衣脱掉。这时，小男孩大脑中"生气"模块的声音最大。

一位小女孩在爸爸的书房里蹦蹦跳跳，影响了书房里看书的爸爸，这时妈妈说："乖，到外面玩去，爸爸在这里看书呢！"这时小女孩撅着嘴巴说："不嘛，爸爸在这里看书又不影响我玩！"这时，小女孩大脑中"懒惰"模块的声音最大。

在一个二孩家庭里，哥哥6岁，弟弟2岁。6岁的哥哥看完动画片，兴奋地拿起皮球在客厅拍，"咚咚咚"的响声让房间里的妈妈心跳加速，妈妈意识到会影响楼下的邻居，赶忙走出来阻止。但是，哥哥把妈妈的话当耳旁风，或者他的耳朵屏蔽了所有声音，要不然他为什么还在拍呢？妈妈有些不高兴了，指责孩子不听话，哥哥才不情愿地放下球。但当妈妈刚转身，哥哥又开始拍球。这一次闯祸了！因为哥哥拍球用力过猛，球弹上天花板，撞在电视屏幕上，然后又跳到了茶几上，把茶几上面的玻璃壶撞在地上，"哐当"碎了。

妈妈立即冲向孩子……忽然留意到客厅的另一个角落，2岁的弟弟正在拿着果汁瓶，正想往沙发上倒果汁，妈妈赶紧大叫"不要"，弟弟抬头漠然看了妈妈一眼，义无反顾地还是把果汁倒在了沙发上……这时，哥弟俩大脑中"分心"模块的声音最大。

大家是否联想到儿童叛逆期？其实孩子的叛逆行为，正是孩子大脑"多种声音"作用的结果。所以，父母在教育孩子时，想办法让孩子跟良好行为对应的那些大脑模块的"声音"更大，便能促使孩子良好行为的发生。

在这里，我们已经为一些让人困惑的"无意识"现象找到了答案。正如美国芝加哥大学脑科学专家西恩·贝洛克所言，人脑会无意识地控制人的行为。孩子们毫无疑问也是无意识的"偏好者"。在孩子们对自己的行为缺乏"认知"前，行为总是无意识地受大脑某个模块控制，如同右撇子喜欢右手边的东西，左撇子喜欢左边的，孩子们丝毫没觉察到自己的无意识"偏好"。当孩子对自我有一定的"认知"后，大脑便有可能实现"有意识地控制大脑"。

然而，父母想要真"懂"孩子，认识了大脑"块理论"还不够，父母还需要懂得幼儿期孩子的语言发展和特有的思维特征，才能更好地解决教育中遇到的难题。

4. "鸡同鸭讲"时期

高级"婴"语：duoduo，鸡鸡，睡觉！

这句话翻译成"人类的语言"，便是："哥哥，鸡鸡睡了，我们也睡觉吧。"想要"学会"高级"婴"语，宝宝们还需要一步步来。我们看看宝宝的语言发育历程便很清楚：

宝宝们大概7个月时，才会开始无意识地发出ba，ma，da或baba，mama等声音。

12个月左右会发出"爸爸""抱抱"这些元音和辅音组合的词，尤其爱重复同一音节。

到宝宝们一岁半到两岁时，才会说出"电报句"特征的、由两三个词组合的短句，如"妈妈抱""宝宝摔""爸爸鞋"等。

宝宝两三岁左右是简单句阶段，如"把杯子给我""鸭子走了"。

孩子四到六岁左右是复合句阶段，比如孩子会说"水开了，妈妈可以泡牛奶""因为我很累，所以我不想出去玩"。

孩子们六岁后，一般都能流利说话了，但如果孩子从小说双语或多语言学话，例如，普通话和粤语同时学的孩子，大概会经历2~3年的缓慢学话期，部分孩子还可能出现暂时的结巴，但是不用担心，幼儿的适应能力很好，当他们四五岁时，一般就能赶上其他孩子，还能比其他单语言学习孩子掌握多种流利的语言。

除此之外，孩子们词汇量的积累也会经历一个过程，这个过程中孩子可能会表现出语言理解力差、表达能力不足，导致孩子们面对一些事情或事物不知如何表达。

婴儿在一岁到一岁半之间会掌握第一批词汇；

两岁左右孩子的词汇量仅为50~60个；

三岁孩子平均的词汇量是200~1000个；

六岁时才达到了3000，仅为成年人词汇量的三分之一。

第二章
认识孩子的大脑和思维

所以，孩子们的语言发展需要一个过程。宝宝们一开始学习语言是通过"猜测"进行。美国发展心理学家艾莉森·高普尼克曾经说过，孩子们学习一个新词时，他们一开始不知道词的精确含义和用法，他们需要通过大量的"猜测—调整""调整—猜测"而最终学会这个词。所以孩子们在这些反复的"猜测—调整"的语言学习过程中，也常常会因为猜测错误而导致教育矛盾的滋生。

有位妈妈曾经跟我说过，她两岁的女儿每晚在临睡前总爱在床上蹦跳，过度兴奋常常让小女孩入睡难、入睡晚。当妈妈要求她安静睡觉时，小女孩表现得很认真很专注地听，还不时地点头，但结果孩子并没有安静睡觉。而对妈妈来说，小女孩"一转头就把父母的训话忘记得一干二净"。

在孩子的语言理解能力方面，心理学家埃伦·马克曼曾经举过一个具有代表性的例子，学龄前的孩子常常不理解为什么一个物体能同时拥有两个名称。有一个三岁的小男孩，他知道一张椅子被称为"椅子"，但有一天，当妈妈把它称为"家具"，小男孩便急忙纠正："妈妈，你说错了，它叫椅子。"这是幼儿期孩子所表现出来的语言特征，因为孩子还不知道家具包括椅子，他以为"家具"是一个跟"椅子"并列的另一种东西。

当孩子们三四岁时，他们会非常喜欢重复听同一个童话故事，或喜欢重复看某部动画片，看了一遍又一遍却不会厌倦。那是因为孩子的语言理解力差，他们需要不断重复直至听懂，每一次听懂一点点，便会引起他们巨大的兴趣和喜悦，兴趣继而又驱动孩子重复听、重复看。有读者妈妈曾经问我，为什么孩子那么爱动画片，即使很多还未懂得说话的宝宝也很喜欢。我说，因为动画片符合幼儿的认知模式，他们能看得懂，"懂"便是"理解"。

记得儿子瓜瓜差不多两岁时，有一次到公园玩。我们走到一条小河边，看到河里有一群鸭子，他突然非常兴奋地在河边跑，那条河没有护栏，而且河堤的坡度很高，摔下去会非常危险。奶奶在后面大喊："你这样会掉进河里，危险！"但儿子还是往前跑，当奶奶气喘吁吁地赶上他，皱着眉头生气地指责"你的耳朵没工作吗"时，孩子才紧张地看着奶奶，

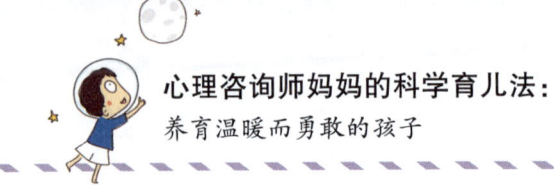

心理咨询师妈妈的科学育儿法：
养育温暖而勇敢的孩子

似乎还不明白奶奶为什么生气。没多久，我们到了一片草地，儿子又开始奔跑，我大喊："停！"儿子马上就停下来了。那一刻我才恍然大悟，孩子不是听不见，而是听不懂，孩子听懂了"停"，但听不懂"你这样会掉进河里，危险"这样的复杂词句传达的意义。

所以，在后来很长的一段时间，我特意用简单的词句跟他沟通，后来随着他慢慢地自发使用长句，我才配合他用上了长句。但我认为，简短的句子对年幼的孩子来说，更加容易理解，尤其是对孩子进行教育时。当然，我在给他念绘本时采用不同的策略，学习时尽量让孩子多接触长句，但在跟他具体沟通上，我更喜欢用浅显易懂的短句或词，宁愿将句子切分，也不要一句话说得太长，因为年幼孩子的语言理解力差是客观状况。

语言是一门通过后天努力而学会的技能，所以幼儿不懂表达或词不达意很正常。父母们不难看到一些年幼的宝宝有时会"喃喃自语"，那是因为他们在不厌其烦地学习语言、练习语言，以提高语言表达能力。父母们也不难看到那些1岁左右的宝宝只懂"鱼"，他们把虾、蟹、蚝等所有海鲜都唤作"鱼"。这便是宝宝们语言表达能力不成熟的表现。

把海鲜都称作"鱼"？

记得有一次，我在超市购物结账时，排在我前面的是一对婆孙。轮到她们结账时，小女孩的小手不停地摇晃着奶奶的手，嘴里反复地说着一个词："钱包，钱包……"奶奶看起来情绪不是很好，便吼了一句："我有带钱包！"

当奶奶付钱时，小女孩便哭了，嘴里一边不停地念叨"钱包，钱包"，还一边扯着奶奶的衣角，不想让奶奶结账。这时周围的人都看着她们，奶奶被激怒了，用力地拍掉小女孩扯着她衣角的小手。小女孩"哇"一声大哭起来。

我同情地看着孩子，留意到孩子的一只手放在一个裤兜里，我恍然大悟："这位阿姨，孩子是不是想用自己的钱结账？"老人愣了一下，脸上闪过一丝愧疚，但没答话。这时小女孩从裤兜里掏出了一张皱巴巴的50元纸币，委屈地递给奶奶……

孩子的语言表达能力不足，是幼儿期的常态。

我曾经看见一位爸爸嘲笑自己的儿子是"生气魔王"。我从他们互动的细节中找到了答案：小男孩要吃一个冰淇淋，刚撕开外面的那层纸，冰淇淋就掉在了地上。一旁的爸爸皱了皱眉头说"笨死"。小男孩的面色开始变得通红、脖子上青色的血管也凸起，他又叫又跳："我……我……"这时爸爸瞪了一眼小男孩："我我我，我什么？掉了冰淇淋还好意思生气？"听到爸爸的话，小男孩气急败坏，一转身就往旁边的墙壁撞上去……

孩子们的语言理解能力和语言表达能力比较弱，常常会带来沟通障碍，虽然如此，不少孩子却急于表达，喜欢与人交流。著名发展心理学家爱利克·埃里克森说，年幼的孩子正处于发展自主感和主动感的阶段，他们迫切希望发展自我控制的能力，以此获得成就感。

所以，我们不难见到这样的场景：

一位小男孩被抢玩具，因为"啊啊"不懂表达而着急打人和咬人；一位小女孩希望妈妈购买超市货架上的玩具小火车而被拒绝时，因为说话结结巴巴暴躁得面红耳赤、满地打滚……

然而那些不明就里的父母，每看到孩子这类粗野的行为和着急的表

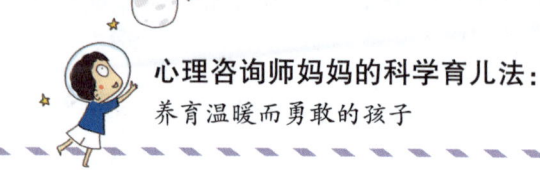

现，便忍不住怒火中烧，觉得孩子太爱哭闹、太不讲道理。事实上，这些孩子只不过是不懂得"有话好好听"和"有话好好说"。

孩子语言能力差，却常常急于表达，也是幼儿的一大特征。

我有个侄女，有一年参加奶奶的生日聚餐。当服务员端上寿包时，小家伙大喊："为什么要吃这种'屁屁包'？"小侄女立即被妈妈批评没礼貌；当孩子掰开寿包流出豆沙，孩子又大喊："咦，屁屁还拉大便！"这时，侄女的伯母不高兴了，说这孩子太没教养，孩子的妈妈觉得孩子故意捣蛋，领着女儿到门外批评了一番，孩子最后哭着回来。

孩子们在6岁前会经历语言的敏感期——"说脏话"。他们会模仿父母或身边的人说一些带有脏字眼的话。一开始他们可能只是单纯的模仿，当他们看到大人因为自己某些带有脏字眼的话而突然改变表情，或是大笑或是生气，这让孩子感受到了语言的力量，他们可能会越说越起劲。但是不少父母不理解孩子说脏话是因为语言敏感期导致，以为孩子在故意骂人，也常常会制造出不少的亲子矛盾。

正因为幼年孩子的语言稚嫩、理解力差、表达能力不足、急于表达和说脏话等问题，导致孩子常常在跟成年人沟通时，出现情绪暴躁，从而给亲子教育带来矛盾。所以，父母们只有理解了孩子的语言发展特征，才能给孩子提供更加合适和高效的教育。

第二章
认识孩子的大脑和思维

5. 可爱的具体形象思维

记得儿子五岁时，有一天早上，我们交给他一个任务——到小区外的一家早餐店购买早餐。爸爸妈妈吃的早餐有不同的配料要求，他想吃的也跟我们不一样：爸爸要吃瘦肉米粉加一点辣椒酱，辣椒酱不能直接放进米粉，要用小袋子单独装；妈妈要吃瘦肉米粉加酱油；他自己想吃肠粉加鸡蛋，加一小袋酱油。

这些内容有些复杂，他自己想了一个办法——用小纸条把所有细节记下来。

当他认真地在小纸条上记录了几分钟后，我看到了纸上留下了一个个让我爆笑的小图案：

"瘦肉"是一个带鼻孔的猪头图案；

"米粉"是几根绳子的图案；

"辣椒酱"是几枚长形小果子的图案；

"肠粉"是几个豆腐样的方块图案……

我憋住笑，称赞了他的仔细。十多分钟后，他成功买回三份早餐，并且每个细节都没搞错！

具体形象思维，是幼儿最大的思维特征，决定了他们的理解力跟其他年龄阶段的孩子不一样。儿童心理学家让·皮亚杰讲述了关于孩子心理成长的轨迹，他认为，七岁前的孩子以具体形象思维为主，即幼儿的思维，需要依靠事物的具体形象来思考。即使在7~12岁的具体运算阶段，虽然孩子们开

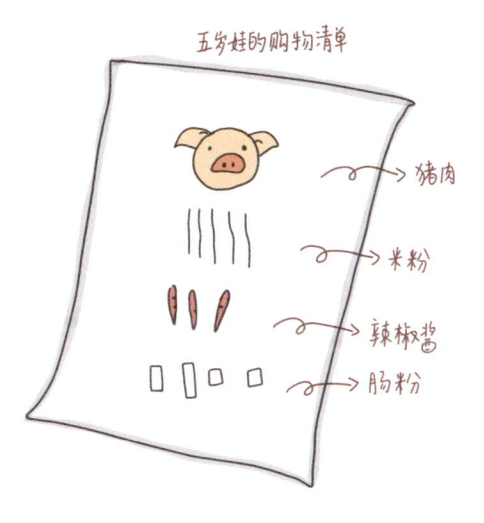

041

始摆脱"具体"向抽象思维发展,但孩子们的思维还需要有具体事物的支持。

一朋友家的小男孩不爱刷牙,这位苦恼的妈妈前往某儿童专家家里。用虔诚的语气问:"我的儿子最近不爱刷牙,如何让他爱上刷牙?"儿童专家认真地想了一会,说:"你要让孩子明白刷牙的重要性。刷牙有很多好处,不仅能让他口气清新,让牙齿整齐,还能预防口腔疾病。你要告诉他,不刷牙会有产酸菌,导致冠状蛀牙……"这位妈妈认真记好笔记,回家后一字不漏地告诉了四岁孩子。孩子听得很认真,但第二天却还是没刷。妈妈责怪孩子"不守信用",孩子说:"哦,我还以为你在给我念牙医生的《健康手册》呢。"妈妈愣住了。

为什么孩子会觉得儿童专家的教育像医学手册?这个专家很尽责,知识也很丰富,只是忘记了年幼孩子的具体形象思维,至少也是"把书本学过的还给书本了"。

"谁的头发长?"

一位爸爸问女儿:"东东的头发比楠楠的长,楠楠的头发比木木的头发短,哪个孩子的头发最长?"小女孩支支吾吾半天回答不出来。当这位爸爸拿出了三个头发长短不一的布娃娃,孩子便立即能回答出哪个布娃娃的头发最长。

"3-1+2=?"

一位妈妈在带女儿上幼儿园路上,问了女儿一个问题:"3-1+2=?"孩子怎么也回答不正确。当妈妈换了一种说法:"你有3个布娃娃,弟弟弄坏了1个,妈妈再给你买2个新的,你将有多少个布娃娃玩具?"女儿马上兴奋大叫:"我将有4个了!耶!"

第二章
认识孩子的大脑和思维

1993年，美国学者发现亚洲孩子的算术成绩比美国孩子优秀很多，他们迫切希望找到答案。在他们详细调查了亚洲20所小学和美国20所小学低年级的上课情况后，他们终于找到根源：亚洲老师擅长"情景计算法"。数据表明，亚洲老师采用"情景计算法"的比例达到了61%，而美国的老师只有31%。什么是"情景计算法"？

在中国某小学一年级的数学课上，一位男老师从教室外搬进10块红泥砖，他把红泥砖"啪"一声直接放在了讲台上。接着，他把3块搬开，放到了脚下孩子们看不见的地方，他问孩子们："10块砖去掉了3块，还剩下多少块？"孩子们轻而易举地回答出：7。

"情景计算法"就是老师通过视觉形象，帮孩子们把抽象的数学概念和公式建立在"具体"的基础上，从而让孩子们高效地学会算术。背后的精髓，其实是基于年幼孩子的具体形象思维出发的，美国认知心理学家杰罗姆·布鲁纳还因此提出了model drawing的数学思维，让新加坡的孩子一跃成为全球孩子数学学习的佼佼者。

中国的老师在孩子们的算术学习中有相当了不起的心得，但我们的父母，甚至包括这些教孩子们数学的老师们，到了家庭教育方面，常常凭借直觉行动，对年幼孩子进行抽象枯燥的道理说教。父母们教育得很辛苦，孩子也"被教育"得很痛苦。难怪儿童心理学家Katherine Covell说，多数人按父母管教自己的方式来管教自己的孩子，并且重犯他们的父母所犯过的同样错误。背后其实是"真不懂"孩子，更不懂年幼孩子的具体形象思维。因为那些长篇大论般的道理和说教，对年幼孩子来说，常常像数字圆周率那样难以理解和记忆，并且对孩子们来说，常常没有任何意义。

除此之外，下面还有两个跟幼儿具体形象思维相关的、父母们日常很熟悉却又没注意的现象：

瓜瓜有一次从他的朋友处带回来一只塑料蟑螂，外形很逼真，大人虽然感叹玩具制造商的做工精细，但还是能一眼看出来那是假的。而妹妹果果，非常尽责，第一眼看见后，就急急忙忙跑往鞋架，拎起一只拖鞋迅速回到原

043

心理咨询师妈妈的科学育儿法：
养育温暖而勇敢的孩子

处，对着那只塑料蟑螂一阵狂拍……把我们笑得迸出了眼泪。女儿不知道蟑螂还分真和假，反正曾经看见大人拍蟑螂，自己也就这么做。那是因为小小娃思维简单，不懂复杂思考。

美国麻省理工学院大脑与认知科学家Laura E.Schulz有一个实验有力地支持了这一说法。研究人员把一些一岁左右的宝宝邀请到实验室，宝宝们面前摆着一个装着小球的透明箱子，箱子里有蓝色的球，也有黄色的球。蓝色的球只是圆球，但能捏响；黄色的球连着一个喇叭，却是捏不响的。研究人员先从箱子里掏出三只蓝色球，然后一个一个地在孩子面前捏响。接着，研究人员给孩子拿出一只黄色球。孩子毫不犹豫地，就像实验人员刚才捏蓝球那样捏着手里的黄色球，当发现完全捏不响时，孩子脸上表现出大大的困惑。

狂拍塑料蟑螂的尽责宝宝

一位小男孩跟哥哥姐姐们捉迷藏，每一次都是他第一个被别人找到，他很生气，跑到妈妈面前告状，说"哥哥姐姐欺负我"。妈妈让他们再玩几次，妈妈看到：小男孩跑到窗前，用窗帘布挡住小脑袋，露出胸脯以下的肢体。更让人奇怪的是，小男孩第一次在窗帘布下被找到后，第二次、第三次……依然藏在相同的地方。

"鸵鸟式"捉迷藏

这种现象被称为"鸵鸟式捉迷藏"，孩子认为的"我看不到的，别人也看不到"，实际上就是儿童心理学家让·皮亚杰所说的幼儿"自我中心现象"，在六七岁前的孩子身上尤其常见。正因为他们缺乏观点采择能力，不能从别人的立场考虑对方的观点，而以自己的感受和想法取代他人

044

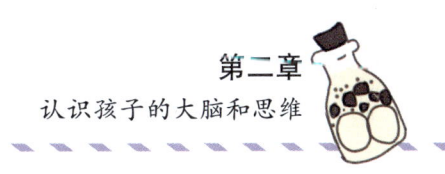

的感受和想法，也常常带来家庭教育的矛盾。

所以，幼年时期，孩子们因为具体形象思维和简单思维，决定了孩子常常听不进或记不住父母的说教。

适合幼儿心理的教育方法

1."坏虫子"诞生记

古代一位秀才，有一天回家时，他从衣兜里掏出钥匙开门，没想到竟然塞不进锁洞！他觉得奇怪，他尝试着左扭扭右扭扭，塞不进！他把钥匙放地上用石头锤，还是塞不进！他跑到邻居家借了几滴油在钥匙上搓了又搓，依然塞不进。最后他无奈地用石头把门锁砸了，进门后才突然想起——刚才被自己百般"蹂躏"的钥匙是妹妹家的，自己的那根，此刻正躺在裤兜里！

适合孩子大脑、思维和心理的教育方法，就像一把独一无而的钥匙，能帮你轻易打开孩子的"脑洞"，给父母们带来自信。正因为如此，我给孩子画了漫画坏虫子。

在我家里的书架上，摆着五条漫画虫子，是我在三四年前、儿子两岁左右画出来的，它们被涂上了不同的颜色，并且被我用相框裱起来直至如今。它们分别是：

绿色的"懒惰虫"，

白色的"害怕虫"，

红色的"生气虫"，

045

心理咨询师妈妈的科学育儿法：

养育温暖而勇敢的孩子

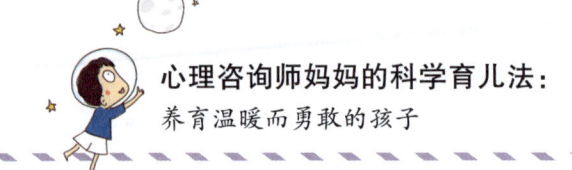

紫色的"着急虫",

以及黄色的"分心虫"。

可以说，这五条坏虫子见证了儿子的成长，也让我在育儿路上找到了无数惊喜。它们是在这样的一天诞生的。

那天是一个周末。儿子在客厅玩积木，我在一旁看书；没一会儿，我便发现儿子在书架旁翻书了；当我再次抬头时，儿子手上已经握了一把玩具枪，脚边也撒满了玩具，现场一片狼藉，此刻他正坐在一堆绘本上"哒哒哒"地玩枪。我看了看墙上的挂钟，半小时的功夫，儿子已经做了很多事情，这是专注力不足的表现。

虽然我知道孩子越小，专注力越短。但任何良好的专注都不是一到年龄就自动具备的，我们身边常常不缺乏专注力糟糕的成年人，他们或许每隔10分钟就中断手上的事情去刷手机，或许阅读了几行字就打哈欠丢掉了书。所以专注也是需要从小养成的。

当我提醒儿子"同一时间只做一件事"时，儿子说了声"好"，但表情显得有些困惑。我明白了，因为他当时才两岁多，"同一时间只做一件事"的句子对他来说有些抽象。有关幼儿思维，我在前面章节已经有专门介绍。

当我正想换一种说法时，奶奶从厨房出来。儿子丢掉玩具枪，"咚咚咚"跑到奶奶面前，撒娇着要让奶奶带着他外出玩耍。奶奶有些沮丧："三心二意，屁股捂不暖板凳。玩具撒满地，才玩了两三分钟就要外出……"

我说："把玩具绘本全部收拾好才能外出玩！"

儿子看了看地上的"一团糟"，又抬头看了看我，把头摇成了拨浪鼓。

我平静而缓慢地重复了一遍："收拾好，才能外出玩！"

"不要！坏妈妈！呜哇……"儿子说哭就哭，眼泪就像拧开了水龙头，小小脸蛋也因为愤怒情绪而憋得像他的红脸小丑叔叔玩具。

"收拾好，才能外出玩！"我继续平静而缓慢地又重复了一遍。奶奶看到孩子哭成泪人，语气缓和了，她跟孩子说："收拾完玩具，奶奶一定会带你外出玩！"

大概是知道收拾工作难以逃脱，他用力吸了吸因为生气而发红的小鼻子，举起小手用衣袖蹭了蹭眼睛，擦掉眼泪，嘴巴憋屈成倒"U"形、腮帮子鼓鼓地开始收拾，绘本归位书架、玩具归位玩具箱……我欣慰地继续看书。

当他高兴地跟我说"妈妈，再见"而正要外出时，我的目光扫了扫周围，突然，客厅一角的一个"不明物体"跳入我的眼帘：儿子用他平时洗澡的大毛巾遮盖了某些东西……不！大毛巾下面露出了他的红脸小丑叔叔的一只脚，以及他的玩具枪的枪管……我差点笑出声。为了急于外出玩耍，这熊孩子急忙地把玩具、绘本胡乱堆一起，然后盖上了一条大毛巾，企图用大毛巾"蒙混过关"。

"你这个坏家伙，看你做的好事！你以为用毛巾挡住就能骗我？"嘴快的奶奶没好气地说。

儿子紧张地看着奶奶，一会儿又看看我，一动也不敢动。

"我们不出去玩了，妈妈给你讲一个故事吧！"

儿子点点头，紧张的表情减弱了不少。我牵着他的小手进了房间，很明显地感觉到他的手心冒汗。

"你不是坏家伙，只是你的脑瓜里有五条调皮坏虫子！"我笑着说。

儿子抬头，困惑地看着我。

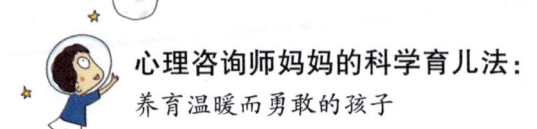

心理咨询师妈妈的科学育儿法：
养育温暖而勇敢的孩子

"你刚才玩耍时，一会儿玩积木、一会儿翻书、一会儿又打玩具枪，那是因为分心虫跑出来捣乱了，所以你不能长时间地专注玩玩具或者看书。"儿子一边点头一边喃喃重复"分心虫"，似乎若有所悟。

我找来了纸和笔，画了一条眼神不专注的小虫子，我把它称为"分心虫"。儿子惊讶地看着眼前的调皮"分心虫"，似乎在回忆什么，也似乎明白了自己一会儿玩积木一会儿翻书、被奶奶批评"捂不暖板凳"的原因。

我继续说："分心虫会让你体验不到专注的乐趣，就像你吃一块蛋糕，当你只咬了一口蛋糕时，妈妈就让你不要吃了，你一定会觉得不够，是不是？做事情也是一样的。"

"其实，人都有分心的时候，每一个人脑袋里都有一条分心虫，有些人的大一些，有些人的会小一些。那些专注力好的小朋友，他们能够把分心虫长时间关在笼子里。"

"妈妈，虫，关起来！"儿子当时还不能完整地表达一句话，但从他期盼的目光和嘴巴里说出的字眼，我明白了他的意思。

"它让你不要收拾，你就偏偏去收拾，就有机会把它赶回笼子里。"

儿子眯眯眼笑了，就像一位信心满满的英勇战士。

"当你不肯把玩具和绘本收拾起来，就是懒惰虫跑出来捣乱了，所以你便懒洋洋的，一副机器人能量不足的样子；当妈妈要求你收拾好才能出外玩耍时，你便生气得像红脸小丑叔叔，那就是你的生气虫跑出来捣乱了，它让你哭呀哭，还说我是'坏妈妈'；当你收拾玩具和书籍时，为了想快点出门，你着急得把玩具书籍乱堆起来，盖上浴巾，这时是'着急虫'跑出来捣乱了；当奶奶批评你是骗人的坏家伙时，你便紧张得一动也不敢动，那是'害怕虫'出来了，其实有合适理由的小朋友不需要害怕……"

接着，我把"懒惰虫""生气虫""着急虫"和"害怕虫"都画了出来，他久久地凝视着这些调皮的坏虫子，似乎在第一次认识它们时，也认识了自己。

后来，儿子给所有小虫子都涂上了不同的颜色，所以它们便成了绿

第二章
认识孩子的大脑和思维

色的"懒惰虫"、白色的"害怕虫"、红色的"生气虫"、紫色的"着急虫",以及黄色的"分心虫"。

在本书后面章节,我会陆续跟大家分享儿子后来与五条坏虫子的故事,以及在五条坏虫子的"陪伴"下,他与妹妹相处的情形。虽然后来也陆续诞生了其他坏虫子,但这五条虫是本书的主角。

五条漫画坏虫子在我们家的书架上存在了许久,我也用在孩子身上多年,它们陪伴儿子成长,后来也开始悄无声息地影响着他的小妹妹,我也从中得到了不少收获。但我跟读者们提及这些调皮的坏虫子,还只是近年的事情,却已经收到不少父母积极而正面的反馈。

有些父母说,"很形象,孩子一下子明白了自己的问题";

也有父母说,"孩子非常喜欢这种通过漫画坏虫子方式的教育,孩子就像在听故事那么专注";

也有父母说,"孩子看到这些调皮的坏虫子就知道了自己的表情和状态,经常能起到自我提醒的效果";

有些读者甚至直接向我索要调皮坏虫子漫画图,他们要打印出来教育孩子……

父母们的留言感动了我,我深深感受到我长期以来默默分享有价值内容的意义。

下面是一位读者妈妈和儿子的故事,非常有代表性。

这位妈妈给我留言,说她六岁的儿子最大的坏毛病就是急躁,因为太着急,吃葡萄、苹果从来不能忍受去皮的时间。她打印了一条"着急虫",贴在了孩子书桌前面的墙壁上。这位妈妈后来非常感谢我,还开心地给我分享了一件趣事:

有一天,妈妈和儿子要到亲戚家拜访。母子俩在收拾东西时,小男孩因为着急想把一个皮球塞进书包,气急败坏中把书包的拉链拉坏了。妈妈欣喜地发现,孩子主动拿来另一个书包装皮球,一边装一边喃喃自语:"'着急虫',你已经弄坏了一个书包,这次不能着急了,你要慢慢

来……"当孩子成功地把皮球和绘本都放进了书包后，露出了满意的笑容。临出门时，时间有些紧迫了，妈妈也有些急躁起来，她一会儿犹犹豫豫不知道要不要把一盒糖果放进袋子里，一会儿又在冰箱里翻……没多久便失去了耐心，"啪"一下关上了冰箱门。这时儿子从房间里探出头，大声说："妈妈，你的'着急虫'比我的还大！"在听到孩子提醒的那一刻，她说："非常神奇地，我内心的急躁一下子消失了！"，她笑着回答儿子："的确是很大，谢谢你的提醒！"接着，她就像一台瞬间被充满耐心的电池一样，仔细地把要带到亲戚家的东西有条理地分类装进袋子里。

当这位妈妈的经历被我一字一句地敲成文字时，我既感动又温暖，因为我真真切切地感受到帮助他人的愉悦。

小小"着急虫"，不仅慢慢地帮助孩子变得更有耐心，作为成年人妈妈也从中受益，这真是不错的成果。这五条漫画坏虫子虽然看起来简单，但背后有科学理论支撑，不仅符合人类的大脑"块理论"，也符合幼儿特有的思维和心理，简单、形象，是既符合科学理论又来源于实践的智慧精华。

2. 奇特的二层楼房

有一栋有两层楼的房子，这栋房子比较奇特，一楼建造得很快，并且迅速布置了五个牢笼；二楼建造期漫长，迟迟没有盖好。

在一楼的五个牢笼里，平时分别关着懒惰虫、害怕虫、生气虫、着急虫和分心虫。

二楼住着一位监狱长，他的责任是看管五条坏虫子。当五条坏虫子中的任何一条爬出牢笼，他便要及时把坏虫子赶回笼子里，不让它们大吵大闹导致房子颤抖而坍塌。

但这个监狱长一开始并不总是那么尽责，他爱睡懒觉，以至于有坏虫子爬出来时浑然不觉，所以他也将经历一个或长或短的成长期……

第二章
认识孩子的大脑和思维

这个故事，被我称为"二层楼房里的监狱长与五条坏虫子的战斗"故事。

这一栋二层楼的房子，其实是孩子大脑的比喻。一楼是幼儿大脑的"动物脑"和"情绪脑"，发育完善；二楼是"理智脑"，发育缓慢。五条居住在一楼牢笼的"坏虫子"，是大脑中的多种声音；"监狱长"长居二楼，他正是我在前面提及的大脑的"不负责任总裁"，是大脑的"最终决策者"额叶内区，它负责把不同的声音汇总起来，从而帮大脑做出一个最终的决定。

孩子们年幼时，"监狱长"爱睡懒觉不尽责，所以五条"坏虫子"经常会控制孩子们的大脑，导致孩子情绪和冲动先行，年幼的孩子经常会表现出懒惰、害怕、生气、着急和分心……再加上年幼孩子语言表达能力不足、具体形象思维等问题，增加了孩子与他人在沟通、情绪、交际等方面的困难，也让无数父母陷入了教育不得法的困境。

虽然二楼终有一天会建造完成，孩子的理智脑也会变得成熟，但并不代表孩子长大后就一定会变得成熟和理智，因为"监狱长"也需要成长。那些行为冲动、情绪失控的成年人，就是他们大脑的"监狱长"未够尽责、五条坏虫子过于巨大而盘踞整个大脑房子导致的结果。

所以，孩子们在大脑成长、日渐成熟的过程中，也要有意识地让"监

051

狱长"每天多动一点点，就像锻炼身体肌肉一样。当孩子的理智脑经常工作，一开始懒惰的"监狱长"也会慢慢成长为勤劳的"监狱长"；与此同时，五条坏虫子每次逃离牢笼的时间越长，它们的身躯会长得越快，力量也会变强，相比之下，如果它们越少逃离牢笼，并且被关在牢笼的时间越长，身躯也会慢慢变小，力量也会越来越弱小，而变成孩子们的乖乖小宠虫。父母任何打骂、恐吓等错误的教育行为，其实是在帮助五条坏虫子逃离牢笼。

当大脑监狱长成为尽责的监狱长后，五条坏虫子也成为乖乖小宠虫，直接表现在孩子身上，便是孩子的情绪和行为也变得成熟起来，最终帮助孩子成为优秀的孩子，实现温暖高效的亲子教育。

那么，父母们接下来的育儿任务有三个步骤：

第一，把这个"二层楼房里的监狱长与五条坏虫子的战斗"故事告诉孩子。

第二，把这五条坏虫子和监狱长打印出来，贴在你家孩子经常看到的地方，方便父母进行直观的沟通和提醒（有关5条坏虫子和监狱长漫画图，大家可以在微信公众号幼儿说免费下载使用）。

第三，参考本书第三章、第四章、第五章、第六章的具体方法和育儿技巧，配合五条坏虫子和监狱长的漫画形象，提醒孩子大脑的"监狱长"每天勤劳地行动起来，经常性地及时把五条坏虫子关回牢笼，最终实现"监狱长"越来越强大，五条坏虫子越来越弱小。

有人说，达·芬奇的画是一本百科全书。而我认为，好父母就是一本"说明书"，一本真正懂孩子的"说明书"。

第三章
说孩子听得懂的话，实现有效沟通

有效的沟通，是养育的开始。

很多父母与孩子虽然有大量的沟通，却属于"无效"沟通和"坏"沟通。

孩子们的大脑，其实喜欢的沟通方式是"画面感""安全感""同理心"……

而"五条坏虫子"，也恰好符合这个沟通规律。

心理咨询师妈妈的科学育儿法：
养育温暖而勇敢的孩子

传说古代有一位叫公明仪的琴师。有一天他对着一头牛弹琴，一旁的牛无动于衷，似乎琴声就像"耳旁风"。公明仪心想，人喜欢的琴声，牛不一定喜欢，于是他便一会儿弹出了蚊虻的"嗡嗡"声，一会儿又弹出了小牛的"哞哞"声，牛不仅摇尾巴竖耳朵，还在旁边踏起了轻快的步伐。

弹对了琴，牛不仅听得懂，还能翩翩起舞。父母懂得正确的沟通方法，孩子不仅听得懂，还能实现高效的亲子沟通。

沟通的六个"陷阱"

很多家长跟孩子沟通时，常常有无力感，觉得孩子不仅听不进，有时还故意跟父母作对，导致沟通无效或教育结果与父母的初衷南辕北辙。其实，父母沟通的意愿常常是好的，只是大多数家庭使用了错误的沟通手段，掉进了沟通的六个"陷阱"："哄""吓""吼""打""骗""辱"。

1. 哄

街上立着一只微笑的石狮子，一个三四岁左右、穿着红裙子的小女孩跟老人路过时，兴奋地奔向石狮子。突然，不知道从哪里奔出来的平头小男孩抢先到了石狮子身旁，拽着石狮子的脚就爬了上去，最后还"吃吃"地

笑着朝小女孩炫耀。小女孩看到石狮子被"抢",委屈得"哇"一声,眼泪便流了下来。

老人看到孙女的石狮子被"抢"了,皱着眉头瞪了小男孩一眼,但也无可奈何,只得跟孙女说:"不哭不哭,我们玩别的!"听到孙女凄厉地哭喊"不要不要"时,老人慌忙从袋子里掏出"超级武器"——一根棒棒糖,然后柔声哄:"别哭别哭,不哭就给糖吃!"

小女孩看到糖,不仅马上止哭,接过棒棒糖还破涕而笑。

一位爸爸曾经自豪地跟我说,他非常懂得"教育"孩子。

他家孩子6岁多时上小学,每天回到家里都不写作业,总把作业拖到最后,常常影响了睡觉。妻子尝试各种劝说不得法,每一次儿子都说:"我等会儿便写",结果总是每晚写作业到11点。后来抓狂的妻子让丈夫帮忙。

某一天,当儿子从学校回到家,把背上的书包往房间里一丢,脚上的鞋子也不脱,就坐在沙发上看电视。这位爸爸便坐到儿子身旁,开始"教育"孩子说:"每天放学一回到家便写作业,晚上7点前写完作业,爸爸就带你买玩具。"

这位爸爸觉得"效果很好"——孩子为了玩具表现得很积极,这其实是"假"教育,不是"真"教育。

有一个经典的行为实验,来自美国心理学家伯尔赫斯·斯金纳,大家一定不陌生。斯金纳把一只饥饿的小白鼠放进一只特制的笼子里,这只笼子被称为"斯金纳箱"。一开始,饥饿的小白鼠乱窜,偶然碰触到笼子内的杠杆按钮,一粒食物丸子便掉进了笼子。多次后,小白鼠便懂得了"杠杆"和食物丸子的关系,所以小白鼠频繁地按压杠杆,也欢喜地获得食

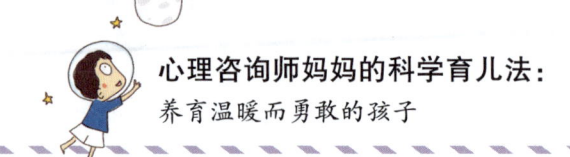

心理咨询师妈妈的科学育儿法：
养育温暖而勇敢的孩子

物丸子。但是后来，斯金纳发现小白鼠按压杠杆不积极了，只有饥饿时才按压。

孩子因为糖而止哭，因为玩具才写作业，在这里，"不哭"和"写作业"的行为类似小白鼠按压杠杆，"糖"和"玩具"就像食物丸子。

小白鼠一开始为了食物丸子频繁地按压杠杆，孩子也在一开始为了"糖"和"玩具"而迅速止哭或勤劳写作业，但当孩子对"糖"和"玩具"厌倦了，就像小白鼠一样，便可能会出现"想吃糖才不哭""想要玩具时才写作业"的困境，否则便是哭闹不止和懒理作业。

从上面看来，孩子止哭、写作业变得积极，因为孩子的目的是糖和玩具，对家长来说，孩子为了奖励才做某一件事情，而不是这件事本身，父母教育的目的发生错位。这显然不是父母希望看到的结果。

有父母可能会说："即使目标错位了，孩子学习是为了获得玩具也不怕，因为学习的目的也顺便达成了。"其实这是错误的想法，因为从学习驱动力的角度来说，玩具是外部驱动力，最终不会长久，兴趣和成就感才是内部驱动力。外部驱动的力量，会随着时间的流逝而减弱，好比一个人喝咖啡，一开始，半杯咖啡便能达到提神的效果，但没多久，半杯咖啡已经不足以提神，需要一杯或更多的咖啡才能实现提神。除此之外，当一个孩子总是因为有了玩具才学习，他学习的内部驱动力便永远得不到。

除了教育目标错位外，"哄"还可能会助长孩子的贪婪，正如上面喝咖啡的例子，孩子可能会以此来获得本来不是自己应得的东西。

我们假想一下，如果实验者希望箱子里懒惰的小白鼠开始勤劳地按压杠杆，在面对已经厌倦了食物丸子的小白鼠，实验者是否需要提供其他更吸引小白鼠的食物呢？对孩子来说，可能也会如此。当一个孩子已经习惯

了"棒棒糖——不哭"的行为模式,当孩子某天发现自己已经厌倦了棒棒糖,在面对奶奶说"别哭别哭,不哭就给糖吃",这时孩子说:"我不要糖,我要芭比玩具",这便是"哄"孩子可能带来的让父母更头痛的结果。

我曾经在街上遇到一个摔倒的小男孩,摔得不轻,他的两个小膝盖跪到了水泥地上,渗出了很多小血丝,小男孩大哭得上气不接下气,躺在地上不起来。他的妈妈在一旁着急地哄:"别哭了,妈妈带你到公园玩!"小男孩听到妈妈的话不仅没停止哭,还委屈地"讲条件":"我不要到公园玩,我要玩摇摇车!呜呜……"孩子的妈妈也只能妥协。

所以,"哄"孩子的结果,对家长来说,"糖"会变苦,不仅会导致父母教育目的错位,还会给孩子未来的教育带来隐患——孩子学会了条件交换,助长贪婪。

2. 吓

有一天,我走在小区的小路上,听到小女孩带着哭腔的声音:"我不要回家……"

一旁的老人对小女孩说:"这些沙子很脏,上面有狗猫的粪便,很多寄生虫。你再不走,姥姥自己先走了,大怪物会从这棵树上跳下来,把你一口吞进肚子里……你看,姥姥要走了哦!"老人一边恐吓,一边做着要走的动作。

小女孩一听便紧张地扑向老人,一边哭一边说:"不要!不

心理咨询师妈妈的科学育儿法：
养育温暖而勇敢的孩子

要！我不要大怪物……"

"不要的话，你就跟姥姥回家吧！"老人露出得意的表情。

小女孩一脸恐惧地抬头看看枝叶繁茂的大树，然后表情忐忑地跟着姥姥回家了。

我在超市门口，遇见一对母子。

小男孩拿着一个冰淇淋，嚷嚷说："妈妈我要吃这个冰淇淋，我最爱吃冰淇淋了！"

"你确定你要吃吗？我有个同事的小孩，因为吃太多冰淇淋，拉肚子拉了一个月，因为缺水太多变成了一个老头的样子，皮肤皱得像折扇！"

我暗想这当妈的好有才，比喻用得这么精彩，但是我一看小男孩的样子，他显然被吓到了，张大嘴巴惊愕地看着自己的妈妈，冰淇淋被他举在半空，就像举着一个"超级恐怖的东西"……

在家庭沟通中，家长恐吓孩子很常见，一般出自两种原因。

一是担心出意外而使用恐吓，常见的有：

孩子爬上高椅子，会被恐吓"别爬，会摔断你的腿"；

孩子帮忙洗衣服，会被恐吓"洗衣液会弄瞎你的眼睛"；

孩子自己倒水喝，会被恐吓"打碎杯子会割破你的手"……

二是为了催促孩子加快行动而恐吓，常见的有：

"再不吃饭，大灰狼会抓走你"；

"再不洗澡，我让医生给你打针"；

"再不来，我就把糖果丢掉"……

在行为心理学家Garcia Dory的一个经典实验中，有个心理学名词叫"诱

第三章
说孩子听得懂的话，实现有效沟通

饵退避"。在实验中，实验人员在小羊羔身上涂抹氯化锂，饥饿的狼不知情地大快朵颐。没多久，狼剧烈呕吐。经过多次的实验后，这些狼对小羊羔产生了恐惧感，即使在日后遇到健康的没被涂氯化锂的羊，这些有"特殊经历"的狼也有味觉反感而呕吐不止。

恐吓孩子跟"诱饵退避"背后的心理很像，家长通过恐吓方式，让孩子对某种行为或东西产生恐惧，从而让孩子暂时或长久停止某种行为，而做出跟家长意愿一致的行为。恐吓的背后，常常是家长"快刀斩乱麻"的心理，方便大人，伤害孩子。因为很多家长认为，恐吓比长篇大论地耐心说教好使，前者省时省力，后者需要家长付出更多的时间和精力、效果还不好。

但这类恐吓式威胁，有严重的副作用。

很多家长出于安全或"为孩子好"的初衷而恐吓孩子，他们看到了孩子行动的迅速，但他们不知道这样的恐吓，会让孩子丢失了安全感——年幼孩子可能会认为"我的周围充满危险"，年龄越小的孩子，越会有这样的感觉，从而导致他们不敢轻易尝试。心理学家西格蒙德·弗洛伊德说，当孩子接触到的刺激超过了自身控制和释放能量的界限时，孩子就会产生一种创伤感和危险感，伴随这种创伤感、危险感出现的体验就是焦虑。孩子内心的"害怕虫"也变得越来越大，最终阻碍了孩子的探索和成长。

孩子们在成长中可能会遭遇各种各样的意外，从高处摔落或被热水烫伤，这些都是潜在的安全隐患，但家长不能为了杜绝孩子遭遇意外事故，而通过恐吓把孩子置身于"小黑屋"中，让孩子对环境充满恐惧和不信任，更糟糕的还会把孩子的好奇心"一棒子打死"。孩子失去了探索的兴趣，也意味着失去了最佳的成长途径。

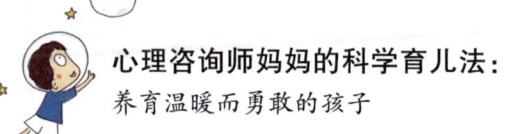

心理咨询师妈妈的科学育儿法：
养育温暖而勇敢的孩子

所以，常被恐吓的孩子，伴随他们的往往是安全感丢失，以及好奇心的扼杀。尤其是那些心智不成熟的小小孩，大人恐吓带来的恐惧可能会缠绕一两年。相比之下，心智成熟的孩子，当意识到事情没有发生，恐吓的有效期便瞬间结束，由此还可能带来更多的教育隐患。

我在儿童的具体形象思维已经提过，孩子们因为在幼年时期不具备抽象思维，他们感受家长的恐吓时，常常是把恐吓的语言直接在大脑中通过图像和情景的方式呈现，比如"怪物从树上跳下来把你吃掉"，他们的大脑会呈现一只跟动画片里相似的或被孩子想象出来的恐怖的怪物，它可能会张开血盆大口把孩子一口吞进嘴巴，嘴角还留下汁液的情景……孩子的小小心灵会遭受恐惧感的强烈侵袭，孩子们因为恐惧感而顺从家长的意愿。

但是，孩子们会成长，当他们经历多次恐吓被骗，或者当孩子逐渐长大后，大脑认知进一步发育，抽象思维得到了发展，他们有一天可能会突然醒悟："奶奶说，我不吃饭长毛怪会来，但前几天妈妈让我可以不吃饭，长毛怪也没有出现呀……"开始表现出抽象思维的孩子，他们也可能会通过头脑的推理和逻辑最终做出判断：大人们只是为了避免麻烦和方便自己而做出恐吓，他们嘴里的恐吓不是现实。

当孩子们有了这样的认识后，他们不仅对家长失去信任，还可能会产生愤怒感或怨恨感，也会给孩子带来叛逆的"借口"，孩子们可能会故意做出与家长相反的行为，不仅不顺从父母的教育，还要通过激怒父母而泄愤，这是孩子们的"报复"。

曾经有一位妈妈在微信跟我说："我的孩子很不听话，我觉得他是故意的。"我问为什么。她跟我说了一件事：

有一天，全家准备吃饭，小男孩把他的玩具机器人带到了饭桌上，大人让孩子吃饭，不要玩玩具，但他似乎没听到，机器人玩具好几次还差点掉到了饭菜上。孩子的爸爸捶了一下桌子大声说："再玩就把你的玩具全部扔掉"，他才把玩具放到了一边。

经历了几次的恐吓，小男孩好像无所谓了，有时说要扔掉他的玩具或

第三章
说孩子听得懂的话，实现有效沟通

再也不给他买玩具，他也无动于衷。有一次晚饭时，他甚至还在餐桌上一下子放了好几个玩具，被批评时，小男孩竟然悠悠地说："那你就把我的玩具全部丢掉吧！"

家长这才意识到教育出了问题。

所以，经常被吓的"狼"不仅会"呕吐"，孩子丢了安全感、好奇心和信任感，还可能会"报复"。

3. 吼

丁丁妈在孩子出生前，是个很少发脾气的人。

当儿子丁丁出生后，丁丁妈当了全职妈妈，但丁丁常常夜醒，小调皮鬼白天还爱尖叫，让妈妈疲惫至极。尤其是丁丁每次吃饭碰到不喜欢的食物时，就扯着嗓子喊"牛肉！牛肉！"丁丁妈一开始对孩子尽量包

061

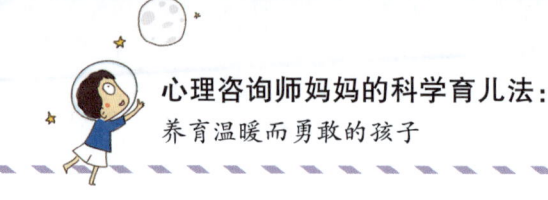

心理咨询师妈妈的科学育儿法：
养育温暖而勇敢的孩子

容，总用"小孩子闹闹很正常"安慰自己，也硬着头皮尝试跟孩子沟通，但是后来她发现自己越来越没有耐心。因为沟通结果总是无效，孩子不仅没停止尖叫，连饭碗饭菜都扔在地上，妈妈的愤怒也往往在这些瞬间"喷涌"而出。

但是，每一次怒吼完，丁丁妈看到儿子一脸惊恐的样子，又感觉非常后悔。然而，第二天又会有新一轮的"忍不住吼"。

有一次，我搭乘公交车外出办事。车上坐在我前面的是一对母子。

不知什么原因，妈妈突然怒吼："回到家后，看你爸会不会揍你！"小男孩立即紧张地看着妈妈。那位妈妈的怒吼也让旁人吓了一跳。

"比赛时应该认真听别人的，而不是跟别的小朋友聊天！比赛的时候，应该全心投入，而不是在舞台上走来走去……钢琴练了两年，就因为你几分钟的不专心而没能获奖……"这时，车内响起了另一位小孩的欢笑声，小男孩的注意力便被吸引过去了，完全不理会妈妈的训话。

孩子的举动让妈妈更愤怒："我要疯掉了，总要妈妈吼你才听！刚叫你不能分心！看看你做了什么！"她怒吼得连公交车司机都回头看。

那些经常被"吼"的孩子，他们的父母会发现，孩子对每一次"吼"的刺激感受力会慢慢下降，父母需要经常升级他们的"吼"，一次比一次更大声、更凶猛，才可能镇住孩子。这便是吼"瘾"后遗症。

除了吼"瘾"后遗症，吼叫父母，还常常会给孩子带来无限伤害，甚至影响孩子一辈子的性格，下面是常见的几种典型。

有一次，我送儿子上幼儿园，在幼儿园门口遇见一位长着胡渣的中年男人，朝一位卷发小男孩怒吼："滚进幼儿园，别朝我瞎嚷嚷！"小男孩也毫不示弱，涨红小脸回吼："你也滚，我不要见到你！"

第三章
说孩子听得懂的话，实现有效沟通

这时一位小女孩因为被他们吸引了注意力，不小心碰了一下小男孩，也被小男孩吼："你也滚！"小女孩的妈妈很生气，大声说要向园长投诉，结果也被胡渣中年男人怒吼。

两位家长两个小孩上演了一场"怒吼大战"，需要保安和园长出来劝告才收场。

怒吼父母容易养出怒吼孩子。美国著名心理学家Elaine Hatfield说，孩子常常会观察父母的面孔、姿势和声音，他们不仅会模仿父母的言行，还会模仿父母的心态。当父母习惯以怒吼的消极方式解决教育麻烦，孩子也会学到父母这种吼叫的负面解决问题的方式。

年幼的孩子是缺乏是非判断的，他们看到父母经常怒吼，便以为那是正确的解决问题的方式。倘若他们常常被吓到而跟随父母的意愿，他们也会在内心默认这种解决问题的方式是可行的——人是需要被怒吼才会听话。

所以，怒吼父母常常会制造出爱怒吼的"复印件"。

我曾见过一位小女孩跟妈妈到服装店买衣服。

妈妈问："你喜欢什么颜色？"

小女孩支支吾吾，欲言又止，脸蛋通红。

妈妈莫名发飙吼："你想怎么样啊？一堆泥一样！真后悔生你！"

小女孩低着头，不敢看妈妈，最后慌慌张张地说："听妈妈的。"

063

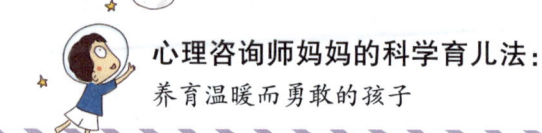

心理咨询师妈妈的科学育儿法：
养育温暖而勇敢的孩子

看着那对母女的对话，我突然感到很难过。

怒吼父母也容易养出没主见的孩子，孩子会因父母的怒吼产生低自尊。因为怒吼给孩子传达的信号，跟"命令"和"强制"很像，孩子一做错某件事情或没按照父母的要求做时，就可能招来父母的怒吼。这种情形下，孩子便不敢按自己的主意行动，也不敢轻易尝试，因为"少做少错"或"干脆不做"，听从父母的意愿，"凡事听父母的，这样就不会招来怒吼"。所以，怒吼父母的孩子，常常缺乏创造力，连自主行动力也缺乏，最终丢了主见，影响了他们的自主成长。

所以，怒吼父母常常会制造出压抑、没主见的"空壳"孩子。

有一位年轻人，小时候他的爸爸和妈妈是"怒吼双人组"，常常会因为盐洒了、煮饭不好吃、唱歌太吵之类的小事大吼，并且几乎每天都对他们的儿子来一场"吼雨"：吃饭慢了妈妈一阵吼，作业写错了爸爸一阵吼，纽扣扣错了妈妈一阵吼，洗澡用了太多水爸爸也会一阵吼……

他在父母面前很紧张，似乎连呼吸也不敢太用力。长大后，他终于可以远走高飞了，到了离父母很远的小城市工作，然而每次长途电话也会被父母"吼"。最后他终于受不了，让人给父母电话报假"丧"，说他们的儿子不小心掉海里，永远回不来了……

谎报死亡的年轻人

如今，他虽然终于听不到父母的吼声，但每次想起自己的大谎言便自责不已，最后患上了抑郁。

怒吼会带来隔阂，怒吼父母冷淡了亲子关系。在父母怒吼下成长的孩子，孩子会失去对父母的信任。因为怒吼就像"毒钉"，让孩子感觉到的是父母的冷漠和忽视。"我很努力了，还招来怒吼，肯定是不爱我……"

第三章
说孩子听得懂的话，实现有效沟通

在这种想法下，孩子不仅对父母产生怨恨，还会让孩子的心灵与怒吼父母隔阂起来，最终把自己置身于情感的孤岛，离父母越来越远。

所以，怒吼父母常常会制造出"白眼狼"孩子，亲子关系冷淡。

我小时候有个玩伴，绰号叫二山，住在我家不远，在学校也跟我同班。他爸爸的咆哮跟他的哭闹声几乎成了因果式的发生顺序，我经常会在三更半夜被他爸爸的咆哮吓醒。二山最大的特点是，老师询问他任何事情，他总会说"我要回家问爸爸"。

有一次，他左脚穿拖鞋，右脚穿布鞋地回到学校，老师问他为什么要那样做，他说"我要回家问爸爸"。老师觉得他像个傻子，便不再搭理。而只有我知道，当天早上二山穿布鞋时不小心踩中了狗粑粑被爸爸怒吼，他惊慌下把那只沾着狗粑粑的鞋子丢进了装饮用水的水缸，然后左脚穿着拖鞋、右脚穿布鞋，头也不回地跑了。

后来听说他25岁那年，用摩托车直接把行动不便的老父亲载到一个叫不出名字的地方……他的老父亲再也没回来，他自己也消失在亲戚们面前……

2014年，华尔街日报曾经做过一项对976名孩子和父母的调查，调查显示被父母用吼叫方式教育的孩子，长大会更容易有行为问题和抑郁趋向。为什么？吼叫父母，不仅让孩子丢了安全感，孩子们感受到亲情冷漠和嫌弃，这些孩子也会获得低自尊，与此同时，他们也有怨恨父母的心态。当怨恨的种子长大，便会滋生孩子的各种行为问题。

所以，"吼"，"唾沫"不蒸发，伤害不消失。怒吼父母会制造出有行为问题的孩子。

065

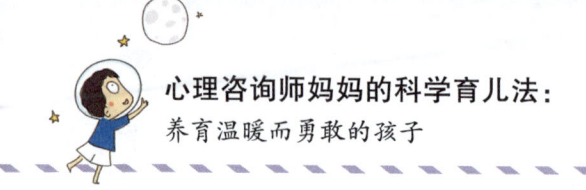

4. 打

我听说过一位幼儿园老师,他有一段时间把他幼儿园里的一个小男孩带回家,给孩子做饭,帮孩子洗衣服。

小男孩来自单亲家庭,孩子的爸爸连续好几天没出现,孩子一开始被安置在幼儿园的保安室,后来这位老师看孩子可怜,他也是幼儿园唯一未结婚的老师,他便把孩子带回家照顾几天。

但是第一天老师为孩子准备好洗澡水,当小男孩兴高采烈地脱去衣服时,孩子身上的伤疤和淤青让他惊呆。小男孩也很坦然地说:"我不听话时,爸爸用衣架打的。"最让这位年轻老师揪心的是,小男孩晚上总会做噩梦,噩梦时小男孩浑身颤抖,哭喊着:"爸爸我会很乖很乖,我要做饭给你吃,再也不惹你生气……"有时哭着哭着会喊妈妈:"妈妈不要丢下我,你说会教我踩脚踏车,我天天都想着……"这位年轻的老师在一旁看着看着,不自觉地就泪流满面。

后来,小男孩的爸爸来接孩子回家,被老师质疑为什么打孩子时,家长不以为然:"我小时候也是被父母打大的,我也没缺肢少腿的……这是我跟孩子沟通的方法,我爱怎么做便怎么做!"

有些父母视"棍棒"为"沟通的一种方法",这是很多家庭不少见的现象。

曾经有一位妈妈给我留言,说她家的孩子"非常不听话"。她说以前

第三章
说孩子听得懂的话，实现有效沟通

会心平气和地跟孩子讲道理，孩子在受教育的时候答应得很爽快，但转过头就忘记了，各种错误和坏毛病照犯无误。她觉得孩子太气人了，有时便在气急败坏下采取打骂的方式。

孩子刚开始被打时，效果立竿见影，孩子变得"很听话"，一切照着妈妈的要求做，但是后来就"出了意外"。有一天，她再次打骂"沟通"时，发现孩子虽然流泪，却是一副"绝望"的样子，她强调说真的是"绝望"，孩子跪在地上任由她打，身体绷得僵硬……

妈妈突然觉得自己是个恶魔，从此不敢再打孩子。但是不打不骂了，孩子似乎更不听话，事事作对、处处找碴儿……她觉得自己在教育一块石头，而不是孩子。

"如果只是说话沟通，孩子不听啊，所以我打孩子也是无奈的"，这常常是很多打骂孩子的爸妈们的说辞。直至如今，经常还有读者在微信公众号问我，是否应该打孩子。每当这时，我总会费尽心思、引经据典地说服他们——永远永远不要打孩子。在这一个个劝导过程中，我常常感觉我正在拯救一个个可爱而纯真的孩子，因为没有孩子应该被父母打骂！孩子们那么小，他们对这个世界充满期待和欣喜，他们真的不应该在这么年幼的年龄便体会到冷漠的滋味。

一些育儿作者经常在网上鼓吹"孩子不听话就打一顿""孩子出现什么情况就要狠狠打"之类的文章，每次看到这样的言论，我便感觉异常愤怒，因为如此不负责任的育儿论跟科学相悖，即使短期有效，但从长期来说，绝对是有害的。

美国心理协会（American Psychological Association）曾经资助过一项有关"父母是否应该打孩子"的综合评估调查，众多的儿童专家学者历经5年时间综合评估大量的研究文献，最终得出的结论是：不能打孩子。我觉得最值得父母们重视的，有三大理由：

理由一，打骂，是往孩子的心灵灌"毒药"。

打骂是采用暴力手段，让孩子的身体和心理感到痛苦，孩子在痛苦中

产生强烈的恐惧感，从而迫使孩子做出让步的行为。王朔也说，"打孩子，这叫欺负，欺负比你弱小的东西，你可耻不可耻？"作为成年人，当你做错事情被别人打一顿，你会有什么感受？

我在前面已经提过，父母打骂孩子的行为，实际上也是在驱使孩子脑袋中的"坏虫子"破笼而出，助长了情绪脑的强大，阻碍了理智脑的发育和成熟。打骂，也相当于往孩子的心灵灌"毒药"，将影响孩子的心智成长，导致孩子未来有更多的行为和心理问题。比如，他们可能会比同龄孩子更焦虑和抑郁，甚至他们的智力水平也会受到影响。具体地，打骂会给孩子带来下面三种严重影响。

（1）会制造出攻击性十足的"小野兽"。

2010年，美国杜兰大学的儿童体罚研究专家Catherine Taylor经过研究发现，如果一名三岁的孩子每月被打两次以上，这个孩子在五岁时的攻击性行为会比同龄孩子高50%。美国知名心理医师贝弗莉·恩格尔有三十多年的在儿童创伤领域的研究，她也发现，大多数罪犯在童年都有被打骂的经历。这些孩子，可能来自贫穷的家庭，也可能来自富裕的家庭，但是唯一相同的是，他们的父母常常经历情绪失控或有错误的教育理念，从小用暴力方式"教育"孩子。

这些父母爱着他们的孩子，他们的孩子也曾经爱着他们的父母，但是打骂撕碎了一切美好。这些孩子在他们童年时，经常忍受父母的打骂，在学校里，他们便轻易成为了暴力的复制者，是攻击性十足的"小野兽"。他们不仅容易有打斗和欺负别人的行为，甚至有时会因为小矛盾而把事情变得严重，伤害了别人，也耽误了自己。

（2）会培养人格"小魔王"。

童年常被打骂的孩子，容易成为人格"小魔王"：

在小朋友群体中，这些孩子可能会要求别人听从自己的指挥，否则他们会暴怒。

在家庭里，这些人格"小魔王"长大后，可能会要求配偶和孩子绝对服从。

在单位，这些长大的人格"小魔王"可能会要求下属不能对自己的决策有异议……

美国密歇根大学心理学家Doty R.M.和同事在研究中发现，暴力父母会培养出人格专制者。因为这些孩子在小时候是暴力的人格专制父母手下的受害者，当他们"不听话"时，这些父母便轻易通过打骂让孩子服从，所以孩子们在他们的幼年时期便对这种专制人格习以为常，误以为这就是正常的"沟通"，孩子甚至会把"专制"照搬到自己身上，变成了自己的行为习惯，别人要对我服从，不能有异议，否则我便很生气。别人的"不"，总会刺激到他们的暴怒神经，导致人格问题的产生。

（3）逃不掉的"隐形诅咒"。

家庭的暴力行为会"代代相传"，这种轮回就像一种"隐形的诅咒"，难以甩掉。这一点也被英国精神病学家Oliver J.E.所证实，至少大部分家庭都是如此。

这些孩子在小时候忍受了暴力父母的打骂，他们一方面痛恨父母的打骂，但他们一旦置身于父母的角色，便下意识地表现出与父母同样的暴力行为；这些孩子长大后会通过亲子养育的模式，把这种暴力的沟通方式"遗传"给他们未来的孩子。当这些曾经是受害者的孩子成长为父母时，当类似的情景激怒他们，他们内心就像有一种反应机制，让他们的情绪和行为走上跟自己的父母同样的路径，从而让他们在生气下做出打骂孩子的行为，这其实是一种"隐形的诅咒"。

理由二，打骂，家长会中"毒"。

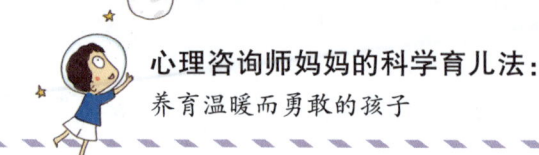

我们不难看到，那些喜欢打骂孩子的家庭，他们从第一次打骂开始，就容易养成打骂的习惯，父母对孩子的打骂行为也会"上瘾"，导致父母对打骂中"毒"。为什么？父母打骂孩子的最终目的，是让恐惧感驱动孩子行动，孩子是处于被逼的状态，所以父母哪天停止打骂了，孩子便不听了，行为可能会比以前更糟糕。

就像费希纳定律一样，同一刺激差别量必须达到一定比例，才能引起差别感觉。孩子被打得多了，驱使行动的恐惧感慢慢减弱，家长打骂孩子要一次比一次凶狠才能维持孩子等量的恐惧感，家长对孩子打骂的"毒瘾"会越来越深。毫无疑问，对父母和孩子来说，这是一场永远也不能停止的悲剧。

理由三，打骂最终无效。

心理学家Michael Tulley说，体罚、训斥、侮辱根本是无效的。美国行为心理学家安东尼·比格兰也说，早期人类发现，用令人反感的方式制止对方的侵害行为，有立竿见影的效果，但是被强制的痛苦体验，会给孩子种下反社会行为的萌芽。简言之，打骂只有短暂的制止作用，从长期来说，不能达到沟通的效果。

当一个孩子被父母打骂后，恐惧感会让这个孩子停止某些行为，实际上孩子是口服心不服的。除此之外，父母的打骂会引起孩子的厌恶和憎恨，容易激起孩子心理上的叛逆和反抗，从而让孩子私底下做出有悖父母意愿的行为，最终让沟通走向了反效果。这些孩子心里可能在想，"你叫我听话，我偏不，谁让你打我？"

到这些孩子成年后，他们可能会把这种打骂沟通的手段用在自己父母身上，滋生"白眼狼"和不孝子女，这其实是打骂孩子的父母自己作的"孽"。

所以，打骂沟通无效，不仅会让孩子的心灵"中毒"，父母也会"中毒"。苏霍姆林斯基说："任何人如果不能教育自己，也就不能教育别人。"如果你爱孩子，真的别再打骂沟通了！

5. 骗

一位小男孩发烧了，但是他皱着眉头拒绝喝药："我不要喝药，我要喝橙汁！"

爸爸心生一计，对小男孩说："好！好！不喝药，我们喝橙汁。"爸爸随后走进厨房，开了一罐铁罐的橙汁，悄悄把橙汁倒掉了，替换上了药水，然后往罐里插上吸管。

"爸爸，这橙汁的味道好像不一样！"

"是不一样，新出的一款橙汁！"

孩子没再问，一脸平静地把"橙汁"喝光。

心理咨询师妈妈的科学育儿法：
养育温暖而勇敢的孩子

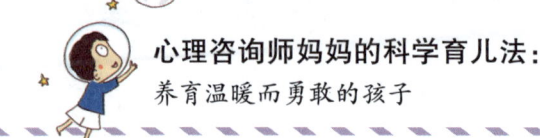

记得有一次，我领着孩子上街，走累了便在一家综合商场的座椅上休息。突然听到一位小女孩用兴奋的声音大喊："妈妈！我好喜欢这个红色的布娃娃，买回家我就能给它打扮……"

这时传来妈妈不耐烦的回应："你不知道我们家很穷吗？跟你说多少次了？怎么不懂事？"

没多久，我听到高跟鞋的"咯咯"声与儿童鞋碰撞地板的拖沓声，这些声音汇集成了一段杂乱却有趣的小旋律，我猜测是那位妈妈加快了脚步，小女孩被拖着走。

很快地，又响起了小女孩清脆的声音："妈妈，你不是说我们很穷吗？为什么还要买包包？"

"你这孩子怎么不明白！因为穷，所以只能买包包啊……"妈妈有些气恼地回应。

我侧着头看过去，一位年轻的穿着高跟鞋和露肩长裙、打扮时髦的长发妈妈，和一个眼睛大大的可爱小女孩。年轻的妈妈正在表情惊喜地端详着货架上的名牌手提包。

记得有一个词，叫"秃头论证"，当一个人掉了第一根头发时，没留意；当再掉一根，还是不以为意；紧接着再掉一根，还是很正常……当次数多了，便最终成了秃头。被骗也是同样的道理，当一个孩子被骗了一次，很正常，孩子可能也不知道；再骗一次，也不用担心，孩子没反应；再骗一次，还是不用忧虑，孩子好像不怎么在意……最后孩子"秃头"了，最终落入一步步难以觉察的"陷阱"中，让情况变得难以挽回。因为撒谎父母，会给孩子带来两种难以弥补的伤害。

第三章
说孩子听得懂的话，实现有效沟通

一位小男孩躲在桌子下，小手在鼻子里挖了一会儿，然后丢进嘴巴里，被妈妈发现。

妈妈气急败坏地指责："你在吃什么？"

"我……正在吃聪明话梅，吃了就能很聪明。"

"你为什么撒谎？我明明看见你挖鼻子！"

"我……你……"小男孩涨红了脸，"你昨晚吃巧克力，骗我说是在给牙齿涂颜色，奶奶说你是故意骗人的！"……

美国加州大学圣地亚哥分校的心理学家Chelsea Hays与同事经过实验发现，被骗的孩子，他们撒谎行为的概率会上升。即孩子被骗后，他们也更容易骗别人。当一个孩子屡屡被家长骗，随着一次次谎言的破灭，孩子们可能会把撒谎视为"合理的沟通"；他们也可能因为家长的影响，而错误地认为"诚实不重要，达到目的才重要"；有些孩子也会因为经常被骗感觉受伤，继而用同样的手段"报复"父母，便落下了撒谎的坏毛病。所以，孩子能从父母身上学会撒谎，如果父母不想孩子撒谎，那么父母也别骗孩子。除此之外，经常被父母骗的孩子，还会对父母失望。

有一位爸爸，他家的小男孩被人怀疑偷了其他小朋友的滑板车并弄丢，对方家长要求他们照价赔偿。当他们赔了上千块，没多久意外地收到对方的道歉："滑板车找到了，在我们家的床底"。

爸爸有些生气地质问小男孩：

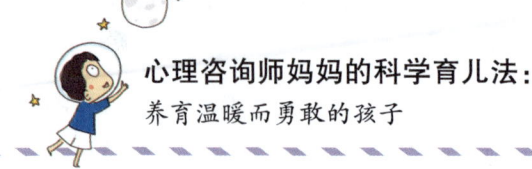

"为什么承认偷东西?"

小男孩哭着说:"上次我被人冤枉偷了一个玩具,你总是说相信我,结果你偷偷给别人送了一个新的……"

父母喜欢骗孩子,随着他们的孩子一次次地发现真相,这些父母最终也变得毫无威严,失去孩子的信任,最终也不利于亲子沟通。父母是孩子的避风港,是最强大的后盾,无论是物质的还是精神的。如果孩子对他们的父母失去了信任,孩子就会失去这个精神上的后盾。到了青春期,孩子也不可能跟家长有良性的互动,甚至会做出极端的行为,更别说困难的时候跟父母沟通,比如那些在学校被同学一次次欺凌而隐瞒家长的孩子。因为父母的行为,失去了孩子的信任。

所以,经常被骗的孩子会变"秃",不仅学会了撒谎,还会失去对父母的信任,伤害就像秃头般难以挽回。

6. 辱

夏天,一位妈妈带女儿上街买西瓜。当瓜贩把沉甸甸的西瓜递过来时,小女孩很兴奋,争抢着要帮忙抱西瓜,没想到没抱牢,"啪"一声,西瓜掉在了地上,摔烂了。妈妈前一秒前还充满阳光的脸立即转阴,她瞪了女儿一眼说:"我和你爸爸每天省吃俭用,从不舍得乱花一分钱,我还经常中午不吃饭而吃面包!目的是为了帮你省钱,让你上英语班、学钢琴、学舞蹈……你看看你,做了什么好事!"妈妈一路絮絮叨叨地念叨着回家,小女孩跟在后面不敢吱声,生怕再出任何差错。

第三章
说孩子听得懂的话，实现有效沟通

不少父母通过让孩子感觉愧疚的方式跟孩子沟通，目的是让孩子更听话，让自己更省心，有些父母还误以为这是在教育小孩。可是，让孩子感觉愧疚的结果，虽然是孩子可能不会轻易犯错，却也带来负面的"后遗症"，孩子会从此缺乏积极性，宁可不做也不要做错，不再热心做事情。

有一位读者妈妈说，她家里的老父亲爱通过让孩子丢脸的方式跟孩子沟通，她小时候也被父亲如此对待，如今她的儿子也是。

有一次，她七岁的儿子因为语文考试不及格，被姥爷罚跪。孩子在毒辣的太阳底下，光着屁股，一边跪一边背三字经。而她的老父亲在一旁踱步监督，还说"背不完不准回家"。孩子一连跪了三四个小时，不仅出现了轻微的中暑现象，更为糟糕的是，小男孩从此见到邻居都要躲着走。再后来，孩子遭遇不及格时，便偷偷把试卷藏起来。

大人为了让孩子努力学习，采用让孩子感到羞耻的方式，却带来了跟大人意愿相悖的结果。

饭桌上，一个四五岁的梳羊角辫的小女孩摸着我家一岁多的果果的头发说："我是最棒的小孩，你是最笨的小孩！"果果不是很懂，回答了一句谁也听不懂的"火星语"，然后就转头吃她碗里的葡萄。没多久，果果抓起筷子，想夹面前的菜花，但是好几次没成功。小女孩抓着筷子在果果面前甩，又对果果说："你太蠢了，你看我多厉害！你看！我能夹起所有的菜和肉，连大笨象都能夹起来！"果果不理会，用牙签戳起一块肉吃，这时小女孩又说："用牙签吃肉是笨蛋的表现……"

这时，小女孩的妈妈瞪了一眼自己女儿，说了一句话："难道你很聪明？我看你才是最蠢！五岁了昨晚还尿床……"小女孩很生气，把手上的筷子丢到桌子上。

没多久，小女孩开始在饭桌上念乘法口诀，还一边念一边对果果说："你懂吗？我看你连数字都不认识！"果果自始至终很淡定，安静地吃她的食物。

我突然想起了一个词——表现型人格。喜欢羞辱孩子的父母，容易养育表现型人格的孩子。

在教养研究中，有个名词叫"耻感教养"，是大多数东方父母爱用的方式，即通过令孩子羞愧来达成道德教化的目的。事实上，偶发的内疚和羞耻感，能帮助孩子对自己的行为有所改正并重新获得家人的肯定。但如果耻感的力度过强，或孩子长期沉浸在"耻感教养"中，会给孩子带来了巨大的心理压力，他们内心的自尊感也会变得很低。幼儿期成长的其中一个重要的任务，是孩子获得自主感，克服羞耻感，"耻感教养"是与此相悖的。

无论是通过让孩子感觉内疚还是羞耻的方式驱动孩子行动，实际上会导致教育"搭错车"，还可能会带来与教育相反的结果。所以，耻感教养不应该成为父母与孩子日常的沟通方式。

"哄""吓""吼""打""骗""辱"属于暴力沟通，是沟通的六个"陷阱"。暴力沟通的最终命运，将是事与愿违，请父母们丢弃！那么，如何才是适合父母和孩子的正确沟通呢？

第三章
说孩子听得懂的话，实现有效沟通

"坏虫子"沟通法

瓜瓜三岁多时，有一天自己从浴室洗完澡，就跑进房间玩他的轨道车了。当我走进浴室，发现他换下来的脏衣服被他随手丢，脏裤子被丢在地上的排水口，脏T恤被他丢到了蹲厕槽边上。我故意大声说："瓜瓜快过来，你的好朋友找不到回家的路，哭得很伤心。"

"什么朋友？"瓜瓜困惑却又充满期待，他风一般跑到浴室门口。

我指着排水口和蹲厕槽边上的衣服说："衣服和裤子呀，它们的家是污衣篮，你能带它们回家吗？"

瓜瓜哈哈大笑说："当然可以！"说着便捡起脏衣服跑到阳台，然后把脏衣服放进了污衣篮，还一边放一边安慰他的"好朋友们"："别哭了哦，你们已经找到家了！"

孩子到底需要怎样的沟通呢？答案很简单，年幼孩子们需要"画面感"的沟通、"安全感"的沟通以及"同理心"的沟通。

1. 哑巴孩子的神奇画

从前有个孩子，很聪明却天生哑巴，也不识字，并且很不幸地，他的爸妈也是哑巴文盲。一家人经常为了一件小事指划了半天，还总是猜错。有一天，这个孩子自己用小石头在墙上涂涂抹抹时，突然想到了一个好主意——他和爸爸妈妈只是哑巴，不是瞎子，他们可以通过"画"沟通。

从此，他们一家三口但凡沟通聊天都用小石子在墙上画，虽然画得丑，

077

心理咨询师妈妈的科学育儿法：
养育温暖而勇敢的孩子

但一看便明白。慢慢地，他们还通过"画"跟亲戚邻居沟通。再后来，一贫如洗的家还因为能沟通而做起了小买卖，小日子也过得越来越红火。

在孩子们的成长过程中，"画面感"的沟通，一点儿也不少见。

几个月大的小婴儿，常常喜欢凝视人的脸，其实那是他们的非语言沟通的方式。通过凝视人的面部表情寻找信息，小婴儿的大脑再根据看到的表情信息做出不同的反应。当他看到的是一张微笑的面孔，他便得知对方是高兴的情绪，从而做出咧嘴微笑的表情回应对方。当他看到的是一张愤怒的面孔，他便能敏感地捕捉到对方生气的情绪，便可能做出皱眉或啼哭的回应。

小婴儿的奇妙"沟通"

"画面"正是小婴儿最初的奇妙"沟通"。

我在前面章节已经提及，宝宝学习语言需要通过反复的"猜测—调整"才能最终掌握正确的语言，而"猜测—调整"的载体，常常是"画面"和实物。

举个例子，当宝宝一开始听到妈妈嘴巴发音"水杯"时，这时宝宝只知道发音，并不明白这个发音指的是什么，更不懂得应用。当妈妈指着一个圆圆的透明物体说"水杯"时，宝宝在大脑中便建立了"水杯"的发音与"一个圆圆的透明物体"的关联。下一次，你会惊讶地发现，宝宝在看到一个圆圆的透明的水壶时，也会跟你说"水杯"，那是因为"圆圆的透明物体"的画

宝宝学话的"小秘密"

第三章
说孩子听得懂的话，实现有效沟通

面已经在宝宝的小脑袋中留下影像。

宝宝学话也需要跟"画面"结合，这是宝宝学话的小秘密。

作为父母，我们也不难在孩子们的成长中找到这样的沟通"痕迹"：

比如有人问孩子："你的衣服哪里来的？"

孩子的回应常常会像放起了"动画片"："我妈妈上周带我去买的，我一开始选了一件蓝色的，后来我又试了一件绿色的，我还买了一顶帽子，回家时还吃了一个超级好吃的雪糕……"

比如还有人问孩子："你刚才去了哪里？"

孩子可能这样回答："我去了游乐园，很搞笑，我们坐了碰碰车，路上还遇到一个乞丐在跳舞……"

比如又有人问孩子："你中午吃了什么？"

孩子可能会这样回答："我吃了鱼，我妈妈帮我挑掉骨头，吃着吃着，我妹妹突然打喷嚏，口水喷了我一脸，哈哈……"

这些情况，在孩子们的成长中很常见，不仅是因为孩子们关注了他们认为快乐的事情，他们很乐意分享，他们还喜欢带"画面感"的沟通，总是话里有"画"。

我在前面已经说过，幼年孩子的思维特征是具体形象思维，正因为孩子的思维很具体，需要依靠事物的具体形象来思考，所以比较难以接受父母过于抽象的话语和讲道理。相比之下，具有具体形象和画面感的语言，父母才能跟幼年孩子实现高效的沟通。简言之，画面感的沟通，就是在沟通中，爸妈的话能在孩子的脑海中浮现一个场景。

从下面孩子大脑的喜好，你便知道未来如何更高效地与孩子实现良好的沟通。

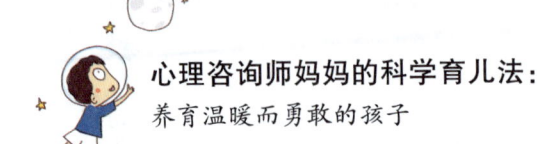

孩子大脑更喜欢接收什么？

我们不难见到，一个小孩子翻开一本书，如果发现里面全部都是密密麻麻的文字，他很可能便很快丢弃继而翻开第二本。当他翻开一本全部是有趣图片的书时，很可能便一口气就翻完；

我们也不难见到，一个孩子打开电视，如果看到一个主持人和嘉宾天南地北聊天的访谈节目，他可能会迅速调换频道。当他看到一只小兔子跟老虎比赛吃饭的画面时，目光便被吸引了，因为这个画面被孩子看懂了，还被孩子的大脑迅速接收了。

有一个四五岁的小男孩，在听到妈妈说他"三心二意"时，他不知道是什么意思，也不知道妈妈是在批评他；当妈妈换了一种说法，给孩子讲了一个"小猫钓鱼"的故事：一只小花猫钓鱼时，一会儿捉蜻蜓，一会儿追蝴蝶，结果一条鱼也没钓到。这时孩子大概明白了"三心二意"是在说小猫钓鱼的情景，但可能仍旧不知道妈妈是在批评他。

当妈妈讲完"小猫钓鱼"的故事后，再结合孩子做事的情景："你刚才在画画时，一会儿吃糖，一会儿玩小猪玩具，画了半小时还只是一个小圆圈，这就是'三心二意'的表现。"

这时，孩子便完全明白，妈妈说"三心二意"是批评自己做事不够认真。

所以，带画面感的沟通，更容易被孩子的大脑所接收。

孩子大脑更喜欢处理什么？

心理学上，有个名词叫"图优效应"，说人的大脑，在一眼看到文字和图像时是有区别的，即大脑对文字的信息编码只有一次，对图像的信息编码则有两次，大脑对图像信息的处理更高效。因为人的大脑皮层中四分之三的神经元都用于处理视觉信息，所以带有画面感的语言会更容易被大脑处理。当父母用带画面感的语言跟年幼孩子沟通时，与孩子的沟通效率也会大大提高。

美国实验心理学家斯蒂芬·平克也曾经说过类似的话，他说，孩子更

第三章 说孩子听得懂的话，实现有效沟通

容易接受故事传达的经验教训。父母与其在孩子面前说一大堆抽象的批评和教育，还不如给孩子讲一个故事来得深刻。背后其实也是画面感沟通在起作用。画面感沟通，能提高父母与孩子的沟通效率。

记得儿子瓜瓜三岁时遭遇"脏话敏感期"，喜欢用脏字骂人。有一次，他奶奶带他外出玩，路上遇见一位认识的邻居，儿子平时总是甜甜叫他"爷爷"。但那一次，儿子一反常态，见到那位老爷爷却劈头盖脸地骂人家"大秃驴"，老人家尴尬地摸摸自己的光头，不知如何应答。奶奶批评瓜瓜"没礼貌"。

晚上我回到家，临睡前他跟我说"被奶奶批评了"，他觉得自己错了，但不知道"大秃驴"为什么错，因为很多小朋友都那样说。

我问他："你还记得上周你被小表哥嘲笑'鼻涕虫'而不高兴吗？"

儿子点头说记得。

我问为什么会不高兴，他说："鼻涕虫不好，我不喜欢。"

我说："你想想看，人有头发好看还是没头发好看？"

他说："有头发好看。"

我说："'大秃驴'就是没有头发，并且'大秃驴'这个表达比'没有头发'更加严重，就像一只狗狗在你最爱吃的草莓蛋糕上面拉了一堆粑粑……"

还没说完，他便恍然大悟地"咦"了一声，一脸惭愧地跟我说："妈妈，我把那位爷爷叫'大秃驴'太恶心了，我明天要跟他说对不起！"

所以，孩子大脑更喜欢处理带画面感的语言。

孩子大脑更喜欢记住什么？

美国知名教育专家乔安娜·法伯（Joanna Faber）说，幼儿的大脑只能记住10秒内的话语，和小孩说话，最好简洁扼要，并且以两句为限。英国心理学家菲利普·巴拉德（Philip Boswood Ballard）也曾经说过，有意义的图片和相片，容易让孩子记忆和回想。画面感沟通，完美地解决了孩子记话短，妨碍沟通的难题。

081

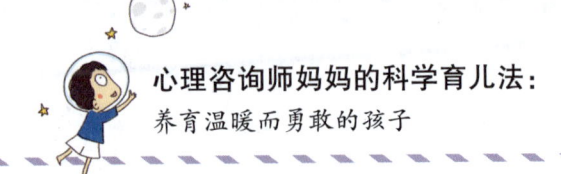

因为跟抽象复杂的语言相比，父母跟孩子进行画面感沟通时，孩子能一边听一边在脑袋中搭建情景。当父母说完时，孩子能在大脑中以画面的形式呈现父母说话的内容，孩子不仅记住了，还理解了父母的意思，能帮助孩子更好地反馈父母。

记得有一次，儿子问我们离家里最近的医院在哪里。孩子的爸爸说："在小区的东边，距离三公里的地方。"儿子困惑地问："那我要怎么去啊？"我说："出了小区后门，沿着马路往右边走，走过三个红绿灯就到。"他不仅记住了，还懂得举一反三。后来有路人问他超市怎么走，他便说"沿着马路往左走，第一个红绿灯的旁边就是。"很多人都说这小朋友的方向感挺好。

那是因为画面感不仅容易被小孩子记住，孩子用画面感的语言也更容易表达。

所以，父母跟幼儿沟通，需要注意孩子的"画面感"偏好。这样的沟通，孩子才容易听进去、记得住，并且做出反馈。泰戈尔说：抽象概念作为一种见解倒是不错的，但应用到人身上，就不那么行得通了。对于年幼孩子来说更是如此，抽象沟通行不通，画面感沟通才行。

2. 躺在"棉花窝"，小嘴讲不停

在某个娃娃班群里，两位妈妈因为孩子闹矛盾的问题正在沟通，一个孩子名叫鹏鹏，另一个孩子叫达达。

鹏鹏妈："鹏鹏刚刚跟我说，达达无缘无故打了他一拳，现在嘴巴也肿了。"

达达妈："这样呀，我问问达达，看具体怎么回事。"

鹏鹏妈："你别问了，你又不是不知道你们家达达喜欢撒谎。"

达达妈："你难道不知道你们家鹏鹏喜欢无事生非吗？"……

第三章
说孩子听得懂的话，实现有效沟通

两位妈妈由一开始平静的沟通瞬间演变成谩骂，最后上升到人身攻击。鹏鹏妈说达达妈虚伪，达达妈说鹏鹏妈爱显摆……完全脱离了一开始的沟通目的。最后两人互不理睬，孩子的问题也没解决。

第二天，鹏鹏妈在群里道歉："鹏鹏刚刚说他昨晚嘴巴肿是被蚊子叮的，我后来也觉得是蚊子叮的症状……"

达达妈："没事，搞清楚就好，很抱歉我昨晚那样说话……"

两位妈妈最后也和好了。

一开始好端端的沟通，为什么演变成人身攻击？当鹏鹏妈说"达达喜欢撒谎"时，沟通的安全氛围瞬间没有了，因为鹏鹏妈把小孩的矛盾上升到对孩子人格的否定，让达达妈感觉到"不安全了"。美国沟通大师科里·帕特森说，在对话中，如果发现对方不说话了，或者是情绪越来越激动，这就说明对话的氛围已经没有了安全感。这时候谈话双方要做的，不是继续喋喋不休地表达观点，而是重新建立安全的对话氛围。

鹏鹏妈第二天在群里道歉的话，便是安全的对话氛围，也带来对方积极的回应。所以，人与人的顺利沟通，需要安全的氛围。导致矛盾发生的心理"导火索"，正是安全的沟通氛围没了。

有一只年幼的猴子宝宝，被人从猴子妈妈身边抱离，到了一个陌生的地方后，它发现了面前有两只一动不动的"猴子妈妈"。不是它的妈妈，但是它多么想念妈妈抱着的感觉呀，所以它便凑到了其中一只"猴子妈妈"怀里，发现冷冰冰的，猴子宝宝便爬到另一只"猴子妈妈"怀里，很温暖，猴子宝宝便紧紧抓着温暖的"猴子妈妈"，将小脸蛋和小小的身躯跟"猴子妈妈"贴在了一起，再也不愿离开。这便是来自美国威斯康星大

083

心理咨询师妈妈的科学育儿法：
养育温暖而勇敢的孩子

学心理学家H.哈洛的"绒布猴子妈妈"实验。温暖，对猴子宝宝来说，代表了安全感。

曾任日本上野动物园园长的中川之朗先生也观察到，那些一生下来就经常黏着妈妈、跟妈妈玩亲亲的小猕猴，能尽情地跟其他猕猴宝宝恶作剧或吵架，而那些被妈妈嫌弃或冷漠对待的小猕猴，常常表现出不安，也不敢放松地玩耍。

人类宝宝跟猴子宝宝其实很相似，十分依恋妈妈温暖的怀抱。胎儿在妈妈肚子内发育时，子宫和羊水的包裹感给胎儿带来了安全感。宝宝出生后，需要通过被妈妈抱在怀里、听妈妈熟悉的声音汲取安全感。

躺在婴儿床上的宝宝，发现妈妈没在身边或者听不到妈妈的声音，便可能会啼哭，当妈妈把他抱在怀里才停止哭泣。

走在街上的小娃儿，可能会频频举起手要妈妈抱抱，否则就哭闹，因为他们矮矮的，走在"巨人"熙攘的街上感觉很不安全。

还有些孩子睡觉时要捏着妈妈的耳朵或抓着妈妈的手臂才能睡着，否则就难以入睡，因为抓着妈妈、跟妈妈身躯触拥，内心才平静下来。

这些都是孩子安全感需求的表现，从妈妈处得到安全感，从环境里汲取安全感，是孩子未来拥有放松沟通的"心理能量"。正如发展心理学家约翰·鲍比（John Bowlby）说，童年时期良好的亲子依附关系，能让孩子在未来有更好的人际互动和沟通。

安全感，是宝宝从出生就需要的东西

相比之下，那些从小缺乏安全感长大的宝宝，常常会有沟通方面的障碍。

19世纪精神分析学家勒内·施皮茨曾经研究过一群孤儿院的孩子。一群小婴儿因为无法跟妈妈生活，被送到了孤儿院。这些小婴儿刚被送到孤儿院的时候，大都会快乐地踢腿和微笑。但是孤儿院的护工

第三章
说孩子听得懂的话，实现有效沟通

很少抱他们，一段时间后，这些宝宝变了，有些宝宝表情惊恐、爱哭闹，有些表情冷漠、反应迟钝，后来，不少宝宝在两岁前就死亡。剩下的宝宝长大后，人们发现他们无法跟其他孩子正常地沟通，表现为非常内向，或更多地采用暴力沟通，喜欢打人甚至虐待其他孩子。

在一般的养育环境中，我们也经常发现，幼年时期亲子分离的孩子，也会存在沟通方面的问题，最典型的是留守儿童，那些"假单亲"家庭的孩子，也会出现不同程度的自卑和自闭表现，从而带来沟通能力的不足。

我曾经接触过一个孩子，父母因为工作忙，经济压力大，把孩子放在姥姥家照顾，与父母分隔两个城市。妈妈每个月会回到姥姥家跟孩子团聚一两次，有时工作太忙就顾不上。姥姥平时忙于家务和照料孩子起居生活，不重视跟孩子的交流和互动，大部分时间让电视当孩子的保姆，致使孩子到了四岁还不能说一句完整的话。除此之外，小男孩还有个非常明显的问题，就是每次家人不合他意时，他能一整天不吭一声，被逼得不高兴时还会大声怪叫。

所以，安全感是宝宝们从出生就需要的东西。当宝宝们长大，能与人沟通时，他们也常常有一种自己不知道、也不被父母能轻易觉察的心理需求，那到底是什么呢？

我认识一位爸爸，他常常说"我的母亲在我脑里放了一只魔鬼"，因为他常常会莫名其妙变得歇斯底里。了解他的童年，你便知道是怎么回事了。

小时候，他的母亲对他非常严格，半小时规定的吃饭时间一定不能拖到40分钟；晚上规定9点睡觉就一定不能拖到9点10分；上学后，每晚6点前必须完成作业，迟了1分钟也不行；日常生活中更不能发脾气和哭泣，母亲一旦说"停"就得停……否则母亲会怒

暴力沟通会留下"魔鬼"

心理咨询师妈妈的科学育儿法：

养育温暖而勇敢的孩子

目圆瞪，虽然不会朝他怒吼，但她接着一定会连续几天冷冰冰不理睬他，让他接受冷暴力的煎熬。即使长大后离家，每次到小时候母亲规定的某些时间点，他便会莫名地紧张、冒冷汗，继而变得歇斯底里。

美国人类学家乔纳森·弗里德曼与同事曾经做过一个儿童实验。

在一个实验室里，实验人员在孩子们面前放了一个看起来很好玩的电池机器人，接着，实验人员把孩子分为第一组和第二组。第一组孩子被严厉地威胁"不许玩，否则你要付出代价"（含暴力元素），第二组孩子被"温柔地告诫"不要玩（含安全感元素）。孩子们都听从了。但是几周后，当这些孩子再次被召集回实验室，进入那个有好玩的电池机器人的房间。在这一次，那位第一次暴力威胁孩子的实验者没出现，而是出现了一位陌生人，研究者故意营造这位陌生人跟那位暴力威胁者毫无关系。这位陌生人告诉孩子们，他们可以尽情地玩那个电池机器人。结果，第一组曾被暴力威胁的孩子，有四分之三毫无顾忌地玩了起来，曾经的暴力沟通几乎已经不留痕迹；而第二组仍旧有三分之二的孩子拒绝玩耍。

所以，暴力沟通效用不能持久，而让孩子感觉安全的沟通，能让孩子从内心听从。

我大学时曾经非常羡慕一位同学与她妈妈沟通时的愉悦，她总会在聊天时发出如铃的欢笑声，感染了身旁的我们，现在想起来，这母女俩便是安全感的沟通。

有一次，我这位同学因为粗心丢了钱包和身份证，当她第一时间在电话告诉她妈妈时，她妈妈没有像大多数父母那样埋怨批评一番。相反，她妈妈第一反应是"丢了钱包和身份证？这是好事，你又有机会享受新钱

包,还能办证时回来陪我们几天",最后还以慈悲的过来人的态度让女儿记得每次犯错要吸取教训。

所以,每当我这位同学沮丧难过地打电话,没聊几句便"咯咯"笑了起来,挂电话后总会眉开眼笑,继而乐哈哈地继续生活和学习,就像那些糟糕的事情完全没发生过那样。我当时常常感叹,这是多大的力量呀,有妈妈如此,真温暖。

还记得她曾经跟我们分享过她小时候的一个故事。

她上幼儿园时,有一次看到老师把银手链摘下放在桌上,然后上厕所洗手。她觉得好玩,把手链塞进衣兜里带回家了。回到家后被妈妈发现,她一开始非常害怕会被妈妈批评。但她妈妈在问完事情的经过后,没有骂也没有生气,而是立即牵着她的手去老师家,让孩子亲自归还了。回家后,她妈妈帮她用装饰衣服的串珠做了一条漂亮的手链,她觉得比老师的银手链好看多了。妈妈最后跟她说的一句话,让她每次想起就感觉温暖:"好孩子与小偷的区别,就是她懂得改正。"说完还亲亲她的额头。

她常常说:"我什么都不害怕,因为有妈妈,她总像冬天里的一垛棉花窝,给我带来满满的安全感……"

19世纪末20世纪初,美国心理学家J. M. Baldwin指出,温暖民主型的亲子关系,是最理想的亲子关系。为什么?我认为除了养育态度的不同,还有一个最重要的影响因素,是沟通方式的不同带来的结果。温暖民主型亲子关系下的沟通,父母既能无条件地接纳孩子的话语,对孩子的一切给予肯定的回应,给孩子爱和关怀;但父母又是孩子行为习惯中规则的制定者,给予孩子秩序和界限。

最典型的便是"韩国首席妈妈"全惠星描述的家庭沟通情景:妈妈爱孩子,允许孩子们犯错,懂得给孩子鼓励和支持,是孩子成长中最忠诚的聆听者;爸爸给予孩子们原则性的界限,哪些坏的、差的行为习惯不能有,哪些道德底线不能踩,但又能接受孩子们提出的意见和建议。孩子感觉到安全又有规矩,这些孩子未来的个性不仅善于合作和社交,而且是独

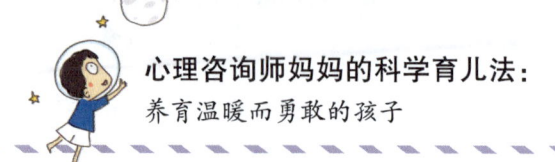

立的、直爽的。

相比之下，支配型的妈妈会导致孩子依赖的个性，在日常沟通中，事事要求孩子按照妈妈的意愿来，孩子的沟通不被妈妈重视；否定型的妈妈会导致孩子反抗和冷漠的个性，因为这些妈妈喜欢批评孩子这不对那也不对，孩子会拒绝沟通；专制型的妈妈，要求孩子往东就一定不能往西，这种做法会让孩子迷失了自己，还会带来孩子迟疑和犹豫的沟通方式。

难怪马歇尔·卢森堡说，非暴力沟通是一种以爱为出发点的沟通模式，是一种爱的语言，可以让人们沟通后彼此尊重、相互理解。非暴力沟通的背后，也是安全感在起作用。

有一位妈妈带着总喜欢用头撞地板、拒绝跟父母好好沟通的儿子到医院寻求心理医生的帮助。一开始，孩子显得很抗拒，妈妈也频繁地嘲讽孩子"不要像个小宝宝"。在进行了相关的检查后，医生和蔼地安抚她："孩子很正常，只是没学会正确地沟通，他很可能是从你身上学到了消极的沟通方式。比如你频繁地嘲讽孩子，就是一种暴力沟通……"最后医生提出了建议："与孩子沟通，不要'暴力'，而是温柔而平静地告诉你的看法和希望，让孩子感觉安全，他才会以正面的态度反馈。"

所以，躺在"棉花窝"，小嘴讲不停，背后是充满安全感的沟通氛围。

3. 父母要穿孩子的"小鞋"

某天在快餐店看到一个大约三岁的可爱的小男孩，他坐在婴儿餐椅上，他的妈妈一会儿指责他吃汉堡包掉得满身都是屑屑，一会儿指责他把鸡腿上的酱汁涂在下巴上。这时，小可爱不高兴了："你懂不懂尊重小孩啊？小孩也是人啊……"把我笑得泪奔。

第三章
说孩子听得懂的话，实现有效沟通

对孩子来说，尊重就是同理心，孩子需要同理心的沟通。正如意大利知名教育家玛丽亚·蒙台梭利说的，儿童有一种强烈的个人尊严感，通常成人意识不到他们是很容易受到伤害和遭到压抑的。的确如此，孩子们虽然小，但他们也有自己的想法和期望，他们希望自己的想法和行为得到父母的理解，即使不认可，但也希望父母对他们有同理心。

但我们很多父母，常常以"为了你好"的理由而把自己的想法和意愿强加在孩子身上，以为那就是爱。他们忽视了一个健康的小生命需要自尊的"土壤"和同理心的"阳光"，他们才能成长为乐观快乐的孩子。

有一年过年，亲戚们聚会。饭桌上有位妈妈总是不断地给她儿子夹菜，孩子总说"我不要"或"我自己来"时，那位妈妈还是一次又一次地给儿子夹……到最后孩子不再吭声。让人觉得难受的是，这位妈妈还不断地跟饭桌上的人抱怨孩子"总是不听话，有营养的东西不喜欢吃……"饭桌上不少大人都附和着那位妈妈教训小男孩，说"小孩应该听妈妈的话""孩子应该什么都要吃……"在大人们的唠唠叨叨中，孩子的脸色越来越难看，到最后干脆丢掉筷子，气鼓鼓地不愿理会他人。

"你不喜欢这些菜是不是呀？"我问。

小男孩皱皱鼻子，开始委屈地哭起来，他哽咽着说："妈妈坏蛋！总是给我吃那些她自己喜欢吃的，她从来都没问过我喜欢什么！"听到这里，我的鼻子有些发酸。

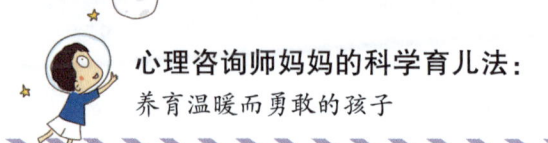

心理咨询师妈妈的科学育儿法：
养育温暖而勇敢的孩子

心理学家艾瑞克·弗洛姆说，没有尊重的爱是控制。没有同理心的沟通，就是伤害。心理学家布鲁斯·格莱朗也说，父母频繁地对孩子说"不"是最不恰当的拒绝方式，孩子仿佛被父母推到了门外，会委屈甚至愤怒。这也说明了亲子沟通中同理心的重要性。

很多父母总喜欢把自己的意愿强加给孩子，把自己的想法当成孩子的想法，自己喜欢的孩子就要喜欢，否则孩子就是不听话。在缺乏同理心的沟通中，孩子的想法得不到应有的尊重，这常常是无数孩子不愿好好说话或拒绝沟通的理由，背后是孩子们希望得到父母的共情和理解。不管孩子是不是有不良行为，如果父母总是有意无意地忽视孩子的内心，只关心自己的内心，这些孩子很可能会有失控感与被轻视感，这些孩子的内心是压抑和充满自卑的，他们在人际交往中也难以做到自信，最终也会让这些孩子不能好好说话，甚至拒绝说话。

相比之下，那些从小被人用同理心沟通的孩子，他们能发展自尊感，觉得自己每一句话都受到父母的重视，对于孩子们的自信是有帮助的。孩子也因为被父母共情，他们也将懂得自爱和爱他人，继而也学会与他人沟通时带着同理心。所以，缺乏同理心的沟通，会阻碍沟通。

有一位读者爸爸曾经给我留言，抱怨他儿子胆子小，七岁了也不愿一个人睡。一天晚上临睡前，他劝孩子独睡无效后，一气之下把孩子反锁在房间里，孩子一边拍门一边说："爸爸我错了，我再过一周就自己睡……"但是孩子的爸爸觉得不能仁慈，硬是没答应孩子的要求。孩子哭着哭着便睡了。第二天爸爸打开了房门，发现小男孩躲在了衣柜里，小脸上满是惊恐和哀伤，拒绝跟任何人说话。

这位爸爸问我该怎么办，我问他："当你生病时苦苦哀求老板给你放假一天，但老板不仅不答应，还强迫你继续工作，你会有何感想？孩子请求过一周就自己睡，这说明孩子已经跟你约定了时间，这也是孩子给自己的时间。"

那位爸爸在我的建议下跟孩子进行同理心的沟通："爸爸错了，爸

第三章
说孩子听得懂的话，实现有效沟通

爸理解你一周时间的请求，你正在准备，爸爸应该支持你。爸爸不会再逼你，当你哪天准备好了，告诉爸爸就行。"那一刻孩子很委屈地哭了，那是一种被触摸到心灵的哭。后来没多久，孩子有一天自豪地跟爸爸说："爸爸我长大了，我要自己睡了。"说完便抱着被子进了自己的房间，从此开始了独睡。

我有一位朋友，她的婆婆总爱给孩子穿很多衣服，"有种冷是奶奶觉得我冷"的真实写照。从孩子出生，每一年冬天看到孩子穿得过于臃肿而导致行动不便、后背湿漉漉时，这位妈妈总是因为冲动指责婆婆而惹得大家不欢而散。后来有一天，她在饭桌上跟婆婆说："天气凉了，你担心小土豆冻着，我常常也有这样的担心。"婆婆笑了。这位妈妈继续说："小土豆的外婆说你的'手指探热法'超好用，几根手指往孩子后背摸摸，就知道孩子穿得多了还是少了。他外婆也学你这样给我的外甥女穿衣服……"婆婆一开始有点懵，但随即咧开嘴巴"咯咯"笑，自己有没有跟人传授过"手指探热法"？管他呢！老人总是记性差。不过儿媳妇这一称赞，老太太却记得很清楚。自此之后，这位儿媳妇常常发现婆婆总喜欢有事没事摸摸孩子的后背，有时摸到汗水会及时帮孩子减衣服。

人与人的良好沟通，背后常常是同理心在发生作用。大人需要同理心的沟通，孩子也需要同理心的沟通。沟通心理学者马歇尔·卢森堡说，你越是留意自己内心的声音，就越能够听到别人的声音，简言之便是同理心。当父母带着同理心关注孩子的内心，把自己置身于孩子的角度，便能轻易地体会和想象出孩子行为的因果关系，在这种前提下，父母能对孩子有更多的理解，沟通便变得更顺畅。心理学家玛莉·安丝沃也曾经说过类似的话，她说，母亲具有理解能力和同理心，母子互动不论是在方式或是品质上，都是敏捷准确、恰如其分的。

记得有一次，我在路边的咖啡小店里，透过落地玻璃窗看见了街上的一对父女。

小女孩扎着一对牛角辫子，大大的眼睛，笑起来脸上还有深深的梨窝。

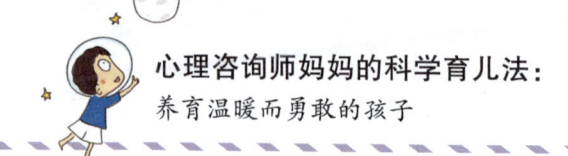

孩子的爸爸看起来很和蔼。他们一开始在街道的拐弯处跑进了我的视野，突然，孩子停了下来，她看见不远处有一位商品促销员拿着一些可爱的气球在发给路边的行人，她望向了自己的爸爸，但爸爸似乎很会教育孩子，他贴在女儿的耳边说了几句，小女孩犹豫地看着促销员手里的气球。很明显，爸爸鼓励女儿自己向促销员叔叔拿气球。但是孩子很害羞，久久地站在原地犹豫不决，一直等到促销员走了，小女孩大哭起来……她可能懊恼自己不够勇敢，也可能抱怨促销员走得太快，反正就是哭得很伤心。

这时她的爸爸蹲下去，轻轻地把她搂在怀里。小女孩把头枕在爸爸的肩膀上，很委屈地从号哭到轻声啜泣。最后，孩子似乎哭够了，抬起小脸蛋、撅着小嘴唇轻轻地亲了爸爸的脸颊，然后快乐地跑开了，孩子的爸爸也"哈哈"笑着追了上去，直到消失。

缺乏同理心的沟通，会阻碍沟通；带同理心的沟通，能让沟通更顺畅。西方有句谚语说："要想知道别人的鞋子合不合脚，穿上别人的鞋子走一英里。"父母要经常穿穿孩子的"小鞋"，当父母对孩子的沟通带着同理心，一切沟通难题便迎刃而解了。

4. 沟通，如何简单又高效

记得儿子刚三岁便上幼儿园时，他跟所有孩子那样，经历了剧烈的分离焦虑。从心智成长的进度来说，其实一个三岁小男孩的心智跟一个两岁小女孩的心智是差不多的，女宝宝的心智成长会比男宝宝的稍微快一些，所以适当调高男孩子入学的年龄，对男孩们的自信和减少分离焦虑是有帮助的。但是在国内如果我们这样做，会给孩子和大人制造了不少入学的麻烦。所以我们虽然忐忑，但还是把儿子送进了幼儿园。因为我们提前渲染和引导，儿子一开始对上学充满期待，他在头一周时上学很高兴，但是几天后，他便不愿意上了。因为幼儿园没有爸爸妈妈，也没有爷爷奶奶。

第三章
说孩子听得懂的话，实现有效沟通

一天晚饭后，儿子很委屈地跟我说："妈妈，我不能睡觉，睡完我明天又要一个人上学了……"说着说着眼圈发红。

"'害怕虫'从笼子里跑出来了，它在瓜瓜的脑袋中不停地发抖，瓜瓜也变得害怕了！"听到我这样说，他抬头看看书架上的"害怕虫"，又看看我。

"妈妈，我觉得我还不能打败'害怕虫'，怎么办呀？妈妈能不能帮帮我？"

我点点头，当着儿子的面，给老师打了电话，我故意大声地说："瓜瓜想念妈妈时，请老师帮帮忙，让瓜瓜可以给妈妈打电话。"老师答应了。我大声说电话的目的，也是想让儿子听到。"想妈妈时可以随时给妈妈打电话"这个念头给他带来了巨大的安慰。

第二天早上，瓜瓜在整理他的小书包时虽然还有些顾虑，我让他抬头看看书架上的"害怕虫"，他便拍拍胸脯，自言自语地说："瓜瓜会变得勇敢，'害怕虫'出来时还能给妈妈打电话呢……"，说着便背上了书包，跟我轻轻地说"再见"。

虽然儿子从没有因为"想妈妈"而给我打过一次电话，但是"'害怕虫'出来时还能给妈妈打电话"的安全感让他觉得——无论多么糟糕，妈妈总是他的勇敢后盾。

女儿果果一岁多时，还不懂得说太多的话，但是已经能听懂很多话，也懂得用手指比画。有一天，我们从超市买回奶酪，天气很热，我赶紧把奶酪放进冰箱，果果就"哇"一声哭了，我觉得莫名其妙。

"怎么了？"我问。

"妈妈，走！"她小手牵着我的大手，走到书架前，指了指"着急

093

虫", 我笑了。

"果果'着急虫'跑出来了，想现在吃奶酪是不是？"女儿"嗯嗯"地点头。

"奶酪刚在热空气中待了较长时间，我们过五分钟再吃好不好？"女儿高兴地点头。

我与两个孩子沟通，经常能达到高效的结果，那是因为我在用"坏虫子"跟他们沟通。为什么用漫画小虫子跟孩子沟通，能实现简单高效的结果？那是因为坏虫子沟通法，符合科学的亲子沟通原则：带有画面感、安全感以及同理心的因素。

有一位朋友，找我要了"生气虫""着急虫""分心虫"……系列虫图，打印出来后交给她的母亲。

老太太很可爱。有一次，她的小孙子嘟嘟在房间写作业，她留意到小男孩写作业不认真：一会儿在作业本上划划，一会儿抬头看窗外，一会儿还用两根手指在自己手臂上模拟大踏步……老太太原本在客厅织毛衣，看到孩子一副心不在焉的样子，便走进房间，拿出一幅"分心虫"贴在了孩子面前的墙壁上。

老太太一边指着"分心虫"，一本正经地跟外孙说："我跟你说呀，你脑袋中的'分心虫'跑出来捣乱了。'分心虫'平时是关在脑袋中的笼子里的，所以你看书或玩玩具都很专注。但'分心虫'很调皮，它有时悄悄从笼子里逃出来，让人觉察不到，刚才就是'分心虫'导致你一会儿看窗外一会手指玩踏步，让你不能集中精神写作业……"

孩子看了看墙上的分心虫，有些恍然大悟地说："怪不得呢！"

第三章
说孩子听得懂的话，实现有效沟通

"脑袋中还有个'监狱长'，你紧急呼叫他，他就会把'分心虫'关回笼子里，这样你就能专心写作业了。"

小男孩笑了："紧急呼叫！紧急呼叫！监狱长！监狱长！'分心虫'跑出来了！"

"'哐当'！成功了，监狱长把'分心虫'关回笼子里了！"小男孩在脑袋里玩起了"假装游戏"。

老太太也笑了起来："嗯，嘟嘟精神奕奕了，现在能专心写作业了吧？"

"当然能！"孩子拍了拍自己的脸蛋，继而投入了学习。

晚上，老太太一脸兴奋地跟女儿和女婿"炫耀"，说她如何如何厉害地让孩子专心学习。后来，老太太还在小区跟大妈们炫耀自己教育孩子如何有方法。

跟"你怎么老是不专心"相比，"分心虫跑出来捣蛋"，有故事情节的描述，更容易引起孩子的注意，这便是画面感的沟通。美国纽约大学心理学家杰罗姆·布鲁纳说，这是孩子们认识世界和了解世界的唯一方法，他们没有能力用因果关系来解释事物，所以他们把各种现象都看成是故事。从本质上来说，这一切都是儿童具体形象思维导致的现象，孩子需要根据事物的具体形象进行思维，而不是抽象思维。有关具体形象思维，我已经在第二章有详细的讲述。用漫画小虫子跟孩子沟通，这其实是在用小孩子的语言，跟孩子沟通，你会惊讶于孩子们的善解人意。

所以，坏虫子沟通法，实现了画面感的沟通。

在"大脑块理论"中，动物脑决定了人的第一任务是"生存"，"安全感"是孩子们的首要需求，有关动物脑，我在第二章也有详细的说明。当孩子在有"安全感"的沟通氛围中，才能放开心胸、畅所欲言，实现高效沟通。用漫画小虫子跟孩子沟通，这其实也是给孩子营造安全感，帮助孩子更乐意交流。

心理咨询师妈妈的科学育儿法：
养育温暖而勇敢的孩子

有一位妈妈曾经苦恼地跟我说，他的孩子很懒，衣服鞋子从不会自己穿，上学路上，书包水杯雨伞什么东西都要妈妈拿，妈妈不帮忙穿，孩子也一直不穿，不帮他拿，东西就全部丢地上。有时孩子被批评也无动于衷，气得妈妈瞪眼睛。我送了她一条漫画"懒惰虫"，她打印了出来，然后拿到儿子面前。

小男孩好奇地看着"懒惰虫"："妈妈，这条虫子干什么？它看起来一点能量也没有。"

"这条虫子叫懒惰虫，它生活在每个人的脑袋中，有些人的懒惰虫大一些，有些人的会小一些。"

"妈妈，我的呢？我的是大一些还是小一些？"小男孩好奇地想知道。

"你的属于一般般大，但是你任由它乱跑出来的话，会越长越大。当你不肯自己穿衣服鞋子，书包水杯总要妈妈拿的时候，就是懒惰虫跑出来了，它每跑出来一次，便会长大一点。如果它长到超级大，占据了你的脑袋，那么你就连玩机器人玩具的动力都没了……"

小男孩惊讶得瞪大了眼睛："妈妈，那怎么办？我不能让它越长越大。我最喜欢玩机器人玩具了。"

"当你自己穿衣服鞋子，总是勤劳地做力所能及的事情，当你每次这样做的时候，它就会变小一些……"

"妈妈，我从现在起要自己做事情，你不能再帮我了！我要当个勤劳的小孩！"这真的是不错的开始呢。

所以，坏虫子沟通法，实现了安全感的沟通。

第三章
说孩子听得懂的话，实现有效沟通

人的大脑每时每刻都有无数种声音，每看到一个事物、每遇见一件事情，如同你在阅读这段文字的一秒内，至少有上千亿个意识信号在脑中飘过，只不过没有被人觉知。当哪个声音最大，大脑就听谁的，从而决定了一个人的行为和态度，所以人的某些负面消极的不良表现，常常是无意识地就发生了。有关大脑的多种声音，我已经在第二章的"大脑块理论"有详细解释。用漫画小虫子沟通，这其实也是给孩子培养同理心，帮助孩子更善于理解他人。

有一位读者爸爸曾经跟我分享他和女儿沟通的温馨瞬间。

有一年中秋节前夕，他们一家三口开车回老家，到了高速路上突然出现塞车，车辆缓慢前行，好几次被别人粗鲁地别车，也好几次差点蹭到车身。这位爸爸最后一次被激怒了，他开始用力地按喇叭，还在车内爆粗口。

"爸爸，你的'生气虫'跑出来了，它正在让你变得很生气！"女儿探头跟驾驶坐上的爸爸说。

爸爸心里一惊，"是呀，怎么被人别一下车子就生气了呢？"他不好意思地跟女儿说："是呀，我的'生气虫'跑出来了我还不知道，真不该！爸爸要自我反省一下。"

孩子的妈妈也笑了："这真是不错的沟通呢！"

所以，坏虫子沟通法，实现了同理心的沟通。

如果你用孩子听得懂的语言和他交谈，他会记在脑子里；如果你用孩子的语言和他交谈，他会记在心里。这也是坏虫子沟通法的精髓所在，父母能实现跟孩子简单高效的沟通。

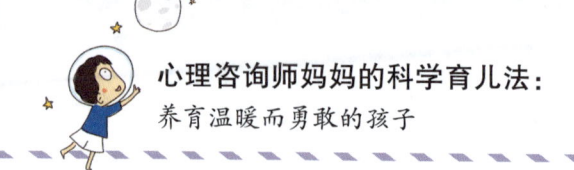

5. 我对世界笑，世界对我笑

美国一个五岁的小女孩Elena，因为喉咙痛就医，被医生发现患了脑癌。随着大脑癌细胞的扩散，孩子很快变得不能说话，但孩子从没放弃跟家人沟通的可能。后来随着病情越来越严重，孩子用涂鸦表达想法、与家人沟通，直至最后连手指脚趾都不能动。孩子治疗无效最终于六岁去世。

几周后，悲伤的爸爸妈妈在家里的各个角落，发现了孩子生前一张张的涂鸦，都是孩子紧紧拽着笔，一笔一画地吃力画出来的，孩子每时每刻都在表达内心的爱和感恩：

"喜欢你们，妈妈、爸爸、妹妹……"

"我爱你，妈妈！爸爸妈妈真好……"

这不是一个童话故事，但是跟童话那样让人动容。只要孩子感觉到爱，无论多大困难，孩子总能找到表达爱的方法。

父母们也是如此，只要心中有爱，就能找到合适孩子的温暖沟通方式，而不会轻易沾上暴力沟通。

"哄""吓""吼""打""骗""辱"是沟通的六个"陷阱"，暴力沟通是一面镜子，照出了大人育儿知识的匮乏，妨碍了亲子沟通，也给孩子带来了心灵的伤害。尝试用漫画坏虫子这种"孩子的语言"跟孩子沟通，重视语言的画面感、安全感和同理心，不仅有助于提高沟通的简便程度，实现高效的亲子交流，同时也给孩子带来温暖和爱。

乔·吉拉德说，我要微笑着面对整个世界，当我微笑的时候全世界都在对我笑。理解孩子、积极而温柔地对待孩子，孩子也会变得不一样。

第四章
好脾气，孩子受益终生的礼物

孩子的情绪难控制，一方面是大脑的原因，另一方面是很多父母不懂"真正适合孩子"的情绪管理方法。

而"五条坏虫子"，能轻易地让孩子理解和接受，还能帮助他们轻松地进行情绪管理；除此之外，还能形成肌肉记忆，实现刻意训练的过程。

同时，"五条坏虫子"，也有助于家长自己高效管理情绪。

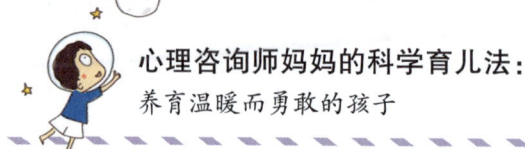

心理咨询师妈妈的科学育儿法：
养育温暖而勇敢的孩子

传说古代的渤海国要选一位宰相，国王从众多的大臣里，选出了两位能力出众的大臣，到底最终要选哪一位呢？国王另有考量。国王先把两位大臣邀请到宫里，故意让仆人分别悄悄地告诉两位大臣："国王明天要宣布您当宰相。"接着把两位大臣留宿宫中。

其中一位大臣听到仆人的小道消息后情绪激动，彻夜难眠；而另一位大臣就像完全没事一样，倒床就睡，第二天还睡懒觉，要仆人叫唤才醒来。

最后国王选择了第二位大臣为宰相，国王为什么要重用睡懒觉大臣？国王说："情绪不稳定的人，心里放不下事情。"

情绪如此重要，但并不是所有父母对孩子的情绪都有正确的认识。

孩子情绪难自控的真正原因

1. 暴躁是天生的吗

超市里，一个小女孩在"我不要吃草莓蛋糕"的大声哭喊中，从妈妈手里抢过蛋糕摔到地上，可爱的粉红色草莓蛋糕瞬间变成蛋糕泥。"你的性格怎么这么坏？你脾气这么暴躁，动不动就哭闹，我不想见到你……"小女孩的妈妈因为女儿的举动而尴尬，但更多的是生气，她表情阴郁地推

第四章
好脾气，孩子受益终生的礼物

着购物车离开，不想再理会女儿。见到妈妈离开，小女孩张大嘴巴大哭起来，眼泪、鼻涕、汗水一起流，还把身旁货架上的商品拉扯到了地上。

孩子情绪难自控、脾气暴躁，是天生的吗？

很多家长常常视脾气暴躁、爱哭闹的孩子为坏孩子，认为他们是因为基因带来的坏性格导致的。父母一方面责怪孩子"脾气暴躁""性格糟糕"，一方面还错误地告诉孩子"有坏情绪的孩子是差劲的孩子"。其实部分孩子总表现出情绪难自控，的确是因为基因或性格的原因，但我们忽视了一个事实——大部分不同成长环境、不同性格的孩子，在幼年时期都爱哭闹和脾气差。

美国俄勒冈州立大学Cascades分校人类发展和家庭科学助理教授香农·利普斯科姆（Shannon Lipscomb）和同事发现，有些孩子表现出的情绪自控力差和脾气暴躁的问题，是因为遗传了父母的性格。他们发现，那些家庭里父母脾气差的，他们往往也会有脾气差的孩子。

然而，我们真的难以分辨，孩子表现出来的情绪难以自控，到底是天生遗传了父母的基因，还是后天成长在家庭中模仿父母导致的。就如知名西班牙神经系统研究专家何塞·马斯德乌说："我们可以将神经系统与手做比较。如果一个人的双手用来打铁，那么必定是手指粗壮却不灵活，相反，如果双手被用来弹钢琴，那手指必定修长而灵活。"简言之，基因或天生性格对孩子的情绪自控的确有一定的影响，但孩子的情绪自控能力却又受父母和养育环境的影响，外界环境最终会决定一个孩子情绪能力的状态。

每个孩子，即使他们性格各异，在他们的幼年时期常常爱哭闹，从他们出生后就表现出这种特征。刚从妈妈肚子出来的瞬间，宝宝便要大声啼哭，肚子饿了、裤子尿湿了、拉粑粑了也要哭，发现妈妈不在身边也要哭，摔倒了、食物洒了、被小朋友欺负了也要哭，这些哭不仅仅只是流眼泪，还带着情绪。其实情绪常常是独立于性格的，所有人包括成年人在内，都有情绪不好的时候，只不过是孩子比大人更为频繁。

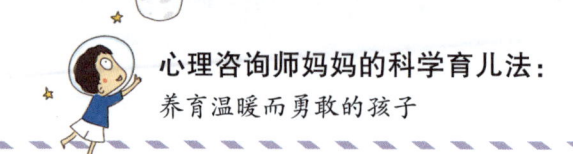

心理咨询师妈妈的科学育儿法：
养育温暖而勇敢的孩子

从孩子成长的角度，他们身上表现出来的情绪好与坏，是可变的，有可能从天生性格带来，但一定会随着养育环境的影响而改变。

2. 家庭是"水杯"

家庭是"水杯"

我有一位前同事，夫妻两人婚后生了一个儿子，一家三口家庭美满，夫妻感情很好，儿子性格也很好。

让我印象深刻的是，当年小男孩三岁，有一天我们几个人在动物园游逛，走了大半天谁也没吃饭，全部人都饿得不行。小男孩手里拿着唯一的食物———一根棒棒糖，当他正想拿棒棒糖充饥时，一眼看到同游的一个小妹妹的渴望眼神，他毫不犹豫地把糖让给了对方。当他看到小妹妹掰糖果纸时，我明显听到他肚子的"咕咕"声。当时感觉这小男孩是位小暖男。

两年后，夫妻两人离婚了，小男孩跟随爸爸生活，后妈经常打他。再后来，有一次他妈妈带他出来吃饭，已经七岁的小男孩因为汤粉里有葱花不合意，当着众人的面把汤粉直接打落在地上。

孩子表现出的情绪的好与坏，除了受基因导致的天生性格的影响外，其实更多的时候是养育环境导致的。那么，有哪些常见的不良家庭养育因素，会直接影响孩子的情绪自控能力？

什么父母总会"污染"孩子？

我曾经在小区里遇见一家三口。一开始，小男孩和父母在树下捡落叶，玩得很开心。快到中午时，不知什么原因，男人突然站起来，扯着嗓子骂女人"愚蠢得像个傻子"。妻子被激怒，叉着腰跟丈夫开启了对骂模式，一边骂还一边哭了起来，不小心踩到了小男孩用落叶堆成的"房

第四章
好脾气，孩子受益终生的礼物

子"。看到树叶房子被踩散，小男孩也被激怒了，他猛地从地上跳起来，像一头发怒的小狮子，气鼓鼓扯着嗓子骂自己的妈妈："没用的女人，滚！"很明显，小男孩骂妈妈的语气，跟他爸爸一样。

我们常常说"近墨者黑"，如果父母的情绪常常是黑色，毫无疑问会"污染"孩子。背后是孩子对父母情绪行为的模仿，以及学习到父母错误的情绪认知带来的结果。那是因为父母给了孩子坏的示范，这些父母在孩子面前任由负面情绪肆虐。

心理学家哈里·斯坦沙利文说，孩子们总能从父母那里学到情绪的最佳应对法，也能复制父母们的情绪。当父母经常以负面的不良情绪对待他人，他们的孩子也会学到这样的情绪模式。大概从小到大，孩子看到自己的父母总以负面情绪模式示人，这种生活经历也容易让孩子误以为那是正确的情绪方式，比如生气时朝对方发怒便可。就算父母刻意隐藏负面情绪，以生闷气的形式表达，年幼的孩子也能在几秒钟内感受到爸爸妈妈的真实情绪，即使他们过于年幼不理解这些情绪，但毫无疑问地，他们会把父母这种错误的情绪方式"复印"到自己身上。

父母们那些乱七八糟的情绪"处理箱"。

下面几个常见场景，你中了几个？

场景一：妈妈的"撒手锏"。

大街上，一位小女孩因为奔跑得太快，摔倒了，地面有些粗糙，膝盖磨出了血丝。因为疼痛，也可能是因为沮丧，小女孩坐在地上大哭起来。这时妈妈跑过去，着急地说："不哭不哭，才磨破了一点皮肤，我们去玩吧。"小女孩不理会，继续哭，也不愿爬起来。妈妈最后下了"撒手锏"，她说："你不哭了，我才带你去玩，你再哭我们就回家了！"

孩子哭了，妈妈习惯性地让孩子马上"不哭"，你也经常这样做吗？

场景二：爸爸"以毒攻毒"。

103

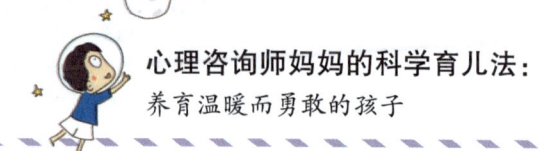

心理咨询师妈妈的科学育儿法：
养育温暖而勇敢的孩子

一位小男孩拿着气球在广场上跑，突然一阵风，把他手上的气球吹走了。小男孩哭喊着跑到爸爸面前，说要爸爸把气球找回来。爸爸说："被风吹走了，没办法……"小男孩愤怒地哭得更起劲，还抬手打爸爸。爸爸觉得孩子无理取闹，不仅往小男孩的屁股狠狠地拍打了一下，还用手指着孩子的鼻子大吼："你厉害，你飞上天去拿啊！"见孩子还在哭，爸爸怒目圆瞪大吼："你还哭！"小男孩撅着嘴巴虽然不敢哭了，却冷不防地给了一位路过的陌生小女娃一脚。

爸爸大吼大叫，以为"以毒攻毒"就能让孩子停止发脾气，你也经常这样做吗？

场景三："你们不懂孩子要发泄吗？"

图书馆里，一位小男孩手握水杯喝水时，不小心小手一滑，水杯掉在了地上，不仅水洒了，连杯子也摔坏了。小男孩看到地上的水和水杯碎片，伤心地大哭起来。有人说这孩子哭得太久了，还会影响到阅读的人。看到不少读者在抬头皱眉或叹气，孩子的妈妈却说："你们不懂孩子要发泄吗？孩子很伤心，需要情绪发泄！"

孩子伤心，需要发泄情绪就不需理会他人，你也经常这样做吗？

情绪管理"文盲"，你是吗？

很多父母常常把情绪自控等同于压抑情绪或关闭情绪，或者把情绪疏导等同于乱发泄。最常见的，是当孩子难过时，父母赶紧哄孩子，好让孩子瞬间开心起来；当孩子哭闹撒泼时，父母"以毒攻毒"朝孩子怒吼，企图让孩子马上闭嘴；当孩子伤心或兴奋时任由孩子肆意发泄影响他人，甚至认为情绪自控是圣人的行为……这些都是错误的认识，这是情绪自控"文盲"的表现。

举个例子。一个小男孩，亲手栽种的小种子发芽了，但没几天就被小

第四章
好脾气，孩子受益终生的礼物

蜗牛吃掉，孩子伤心得直掉泪。

父母这样安慰孩子："一颗豆芽而已，有什么好哭的？再种一棵就是了。"这种方式叫"让孩子压抑情绪"；

也有父母可能说："去玩吧，种豆芽还不如玩玩具……"这种方式叫"让孩子关闭情绪"；

一些父母可能会说："把花盆摔掉吧，你有权发泄！"这种方式叫"乱发泄"，孩子可能会哭得更伤心。

那怎么办呢？其实，马上让孩子快乐起来，也许在当下可以让父母松一口气，但长远来看，却不利孩子情绪健康。那些总是抑制情绪的孩子，未来适应能力和情绪健康都比较差，所以盲目抑制孩子情绪是不对的。相反，任由情绪像洪水一般肆意暴发和破坏，伤害别人、破坏人际感情和友谊，这也是不对的。我们不难见到有些孩子会在发脾气时不仅摔自己的东西，也可能会破坏公共设施，甚至通过殴打别人发泄情绪。

荷兰儿童情绪力控制专家艾琳·斯奈儿曾经说："不必被情绪左右或压抑任何情绪，可以感受体内的感觉，和这种感觉在一起待一会儿，集中注意关注它们，并关注它们的变化。"这便是情绪管理的精髓——感受情绪却不被情绪左右。

情绪常常像洪水，当洪水暴发时，人们只能通过挖渠把水集中到水渠中，而不能凭空让洪水消失，也不能堵住洪水寻求一时的安稳。正如洪水需要控制，情绪也需要疏导，情绪自控不等于压抑情绪，也不等于关闭情绪，更不是让情绪肆意发泄，而是把不良情绪控制在不影响自己的心态和行为、不伤害他人的状态下，直至慢慢恢复常态。

所以，父母是否懂得正确处理情绪，将决定孩子的情绪自控能力。总会情绪失控的父母，也别想养育情绪自控的孩子。

心灵打进"毒针"，别奢望孩子的情绪会清澈。

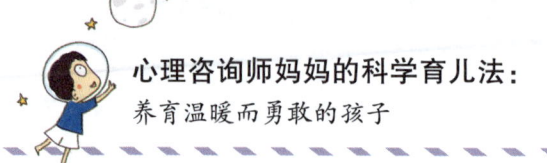

心理咨询师妈妈的科学育儿法：
养育温暖而勇敢的孩子

那些遭遇心理伤害的孩子，也会情绪难自控，家庭中常见的有两种被伤害的孩子：常被父母无视的孩子和常被父母冷酷教训的孩子，他们往往会有情绪难以自控的问题。

有一位妈妈跟我说，她家儿子很"古怪"：一天晚上，她陪儿子玩积木，玩着玩着，孩子突然生气朝她丢积木，她严厉阻止孩子继续丢积木。没多久，这位妈妈上了一趟洗手间，出来后发现自己的手机竟然被愤怒的儿子泡在了水盆里……妈妈责问儿子为什么要这样做时，小男孩委屈地哭着说："妈妈不爱我……"

父母对孩子的回应中体现出来的情绪敏感性，会对孩子产生很大的影响。一个孩子总被父母忽视或无视，父母这种行为会影响孩子的情绪自控力。就如美国心理学家马歇尔·卢森堡所言，当我们的语言和表达方式，倾向于忽视人的感受和需要，以致彼此的疏远和伤害时，这种沟通方式会让人难以体会到心中的爱。所以，对孩子来说，"总玩手机"等于"不爱我"，孩子被忽视后，也会爱采用"夸大"的方式寻求关注。

我们设想一下，当一个小女孩希望跟她的小玩伴再玩一会儿沙子，却被大人粗暴阻止时，不仅她内心的希望被否定，她还会产生强烈的挫败感。因为孩子们内心的需求被父母无视，所以他们会生气，也会伤心，有些孩子会通过撒泼的行为表达自己的不满。那些理解孩子的父母，会懂得在自己和孩子之间让步——跟孩子达成契约：比如允许孩子再玩5分钟或10分钟离开，大多数孩子会非常乐意地接受父母的安排，那是因为他们感觉到自己内心的需求被父母关注到了，所以这些孩子也常常很快乐。

很多年前，我和几位朋友拜访一位睿智的心理老师。

老师在跟我们聊天时，指着窗外的一位脾气暴躁地教训自己孩子的年轻妈妈说："你们等着看吧，她的孩子也一定会情绪暴躁。"那位年轻的妈妈是他的邻居，当时那位小男孩才一岁，小男孩因为在门口踩中了一堆小狗粪，而被自己愤怒的妈妈粗暴地一把抓起来，丢进了路边的草丛中。

后来当那个小男孩五岁时，他经常会莫名地发怒，并且会在愤怒中踢

打他的宠物狗，包括他那位刚学会爬行的小妹妹。最后有一天，小男孩因为被厌烦的妈妈训斥，他在血液冲脑的暴躁中跑进马路中央，被疾驰的汽车碾伤而去世。当老师通过电邮告知我们关于这位小男孩的结局时，我们都颇为震惊。

有创伤经历的孩子常常无法调节自己的情绪。当一个孩子从小经历父母冷酷对待，被父母情绪暴躁地指责、被父母厌烦、被父母殴打、被父母羞辱……这些负面的"因"，总会给孩子带来不良的"果"。

家庭是一只只水杯，带着"颜色"，那些不良的颜色，常常会"污染"孩子，让孩子如水的情绪"变色"。

3. 脑瓜里有两只"小卡通"

其实除了不良的养育环境会导致孩子情绪难自控外，很多良好养育环境下成长的、被父母重视地付出爱和关怀的孩子，也会很容易出现情绪失控、崩溃哭闹的情形。为什么？孩子情绪难自控，本质是因为大脑不成熟。

我曾在第二章的"大脑块理论"中提到，除了孩子，即使是成熟的成年人，人的情绪和行为有时也会表现出不受自己控制，那是因为大脑每时每刻都有"多种声音"，哪种声音大，大脑就听谁的。举个例子，当你带孩子到张家界天门山的玻璃栈道欣赏风景，你上栈道前已经知道玻璃栈道很安全，你甚至还因此取笑过其他害怕的游客，但是当你站在栈道上却还是被恐惧吞噬。没站在玻璃栈道上，理智的声音最大；站在玻璃栈道上，害怕的声音最大。

另外，我在第二章也说过，孩子不同脑区的发育完善时间不同。当小婴儿出生时，已经拥有足够成熟的动物脑和情绪脑，而他们的理智脑需要到20多岁后才发育成熟。所以年幼孩子总是情绪先行，情绪自控不足。当幼儿表现出情绪失控行为时，其实跟前额叶皮质受伤病人的表现很相似，

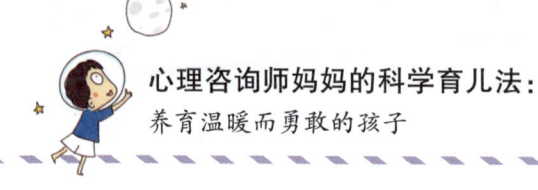

心理咨询师妈妈的科学育儿法：
养育温暖而勇敢的孩子

比如容易生气，还爱扔东西、冲动打人咬人……唯独不懂得如何让自己平静下来。

有关上面两点的科学详细的解释，大家可以翻阅本书第二章的内容。在这里，我以"大象和骑象人"来表达孩子情绪失控的现象，这是孩子脑瓜里的两只"小卡通"。

大象和骑象人

"大象和骑象人"的提出者是知名心理学家乔纳森·海特，他认为人无法完全控制自己的行为，他以"大象和骑象人"做比喻，说人的心理分为两半，一半像一头桀骜不驯的大象，另一半则是理性的骑象人。"大象"常常凭借本能、直觉和情绪做行动，而"骑象人"是"大象"的主人，主管理智和分析。但"大象"体积庞大，"骑象人"即使使出浑身力量，也很难在"大象"冲动或发飙时及时控制"大象"。

所以很多人总会在冲动、大吵大闹、愤怒发泄、悲伤号哭过后，才意识到自己行为和情绪的不妥，而孩子却在一系列的情绪失控后，比大人更缺乏知觉。孩子们脑中的那个"骑象人"控制不了内心的"大象"，并且由于大脑发育不成熟的原因，他们驾驭"大象"的技术比成年人更差劲。所以，幼年孩子动不动就哭闹发脾气，甚至以撒泼打滚的方式消极表达情绪，是因为情绪脑发达，理智脑未成熟的结果。

除此之外，那些不良的养育环境，又会阻碍孩子理智脑发育成熟。因为那些不良的养育环境，被发现会导致孩子大脑的前额皮质发育得比同龄孩子小。美国哈佛大学儿童发展研究中心在一项"毒性压力与大脑"的研究中发现，孩子在不良的家庭养育环境中成长，包括父母爱争吵、孩子常被父母忽视、父母习惯以消极态度对待孩子……会导致孩子大脑发育出现迟缓，其中前额皮质和右颞叶部位，会比没有受过这些伤害的同龄孩子小，表现出来的情绪自控力也差一些。

第四章
好脾气，孩子受益终生的礼物

跟上面相似的研究观点还有：

父母争吵时，孩子脑里的"大象"会变胖。

我们已经知道，杏仁核是情绪脑的核心区域，主管情绪功能，这是孩子脑里的"大象"。在美国奥瑞冈大学的一项针对"双亲之间非暴力争执会如何影响婴儿发育"的研究中，研究者发现，当一个家庭的父母常常争吵，这些婴儿在睡眠中听到愤怒的录音时，他们大脑中杏仁核的区域会出现亮影。相比之下，那些父母没有争吵习惯的家庭，他们的婴儿在睡眠中听到愤怒的录音时，能平静对待。即使是那些刚出生四天的小婴儿，当他们听到父母争吵时，核磁共振仪显示他们大脑中的杏仁核位置一直被刺激着。

所以，父母争吵时，孩子大脑的杏仁核常常被刺激，情绪脑会变得更强大，脑里的"大象"会变胖。

父母批评孩子时，孩子脑里的"骑象人"会变瘦。

我们也知道，前额叶皮质是理智脑的核心区域，主管情绪控制和思考等功能，这是孩子脑里的"骑象人"。在美国匹兹堡大学的一项"批评录音与大脑反应"的研究中，神经科学家们发现，当孩子被父母批评时，孩子大脑的杏仁核区域的活动增加，而负责情绪控

109

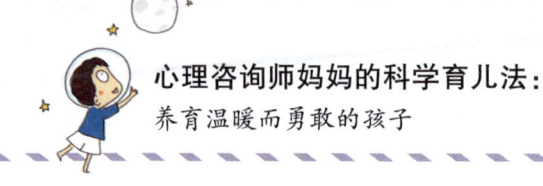

制的前额叶皮质的活动则减弱。

所以，不良的养育环境，会促使孩子的情绪脑更发达，并且妨碍大脑前额叶皮质的发育成熟，孩子脑里的"骑象人"会变瘦，最终让孩子的情绪自控力更差。

归纳一下：孩子不懂情绪自控，看似是天生的性格导致，但养育环境对孩子的情绪自控影响更大；一般来说，孩子的情绪自控力差是因为理智脑发育不成熟，即"骑象人"过瘦、"大象"过胖，导致幼龄孩子常常情绪先行。但不良的养育环境，又会进一步妨碍孩子的大脑发育，阻止理智脑的发育步伐。

美国进化心理学学者罗伯特·赖特说，人要是意识到自己控制不了自己，反而迈出了控制自己的第一步。所以，这就导致了儿童情绪管理的可行性和必要性。

情绪"蝴蝶效应"

美国知名小说家杰克·凯鲁亚克曾经说过自己在童年时期，由于坏情绪导致的一个小"悲剧"。

有一天，小杰克在学校被老师批评而感到很生气。回到家后，妈妈叫他吃饭，他把怒火迁怒到妈妈身上；当爸爸给他端来果汁，他也朝爸爸发脾气。这时家里的一只小狗跑过来用毛茸茸的小身躯蹭他的

第四章
好脾气，孩子受益终生的礼物

小腿，被他一抬脚就踢到了阳台。意外也在那一刻发生了，小狗受惯性的作用，站不稳便从阳台摔了下去，死了。在那一刻他才如梦初醒，觉得自己犯了一个无比愚蠢的错误，小狗是他养了三年的爱宠。

倘若小杰克当年懂得情绪管理，便不会做出如此冲动的错误，更不会陷入情绪的"蝴蝶效应"。

对孩子来说，幼年时期的情绪管理能力，将有益于成长和他的未来发展。

1. 如何在孩子脑瓜搭"小桥"

记得很久以前，有位老教授曾经跟我说过他管理情绪的心得：

当他感觉一般生气时，从10数到1；当他感觉十分生气时，从100数到1。屡试不爽！他说，每次在默念这些数的过程中，他的愤怒也在慢慢地消失，常常数到1时，愤怒感便没了。

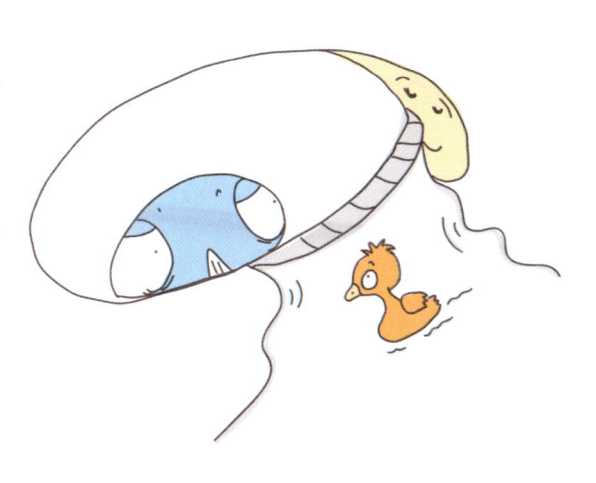

所以，情绪是可以管理的，但如何实现？老教授生气时倒数，其实是在启动"理智脑"关注自己的愤怒，从而实现情绪自控，换言之，这是一个让情绪脑跟理智脑"联结"的过程。形象地说，就是在孩子脑瓜搭"小桥"，帮情绪脑与理智脑实现"联结"。

20世纪90年代，美国神经科学家达马西欧（Antonio Damasio）提出躯体标记假说，假说认为，想要管理情绪，需要刺激情绪脑与理智脑的联

111

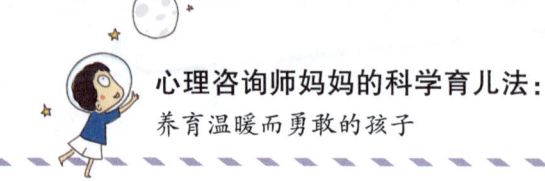

心理咨询师妈妈的科学育儿法：
养育温暖而勇敢的孩子

结，帮助孩子认识到自己的情绪。儿童情绪研究专家Carrol Izard也有相似的结论，他说，人脑中有两个互联的神经系统，孩子们小时候没能连接。事实上，很多成年人也缺乏这种"联结"能力，比如那些一生气就咆哮、一悲伤就号哭的成年人。

要想实现"联结"，"标记情绪"是关键。举个例子：

我的儿子瓜瓜两岁多时，有一次，因为他的新三轮玩具小车太沉，搬上搬下楼梯有些累人，我便陪他回家喝水，把他的玩具小车暂时放在了楼梯口。没想到喝完水后几分钟回到原地，玩具小车不见了！我和他在小区转了一圈也没找到，最后一刻，瓜瓜开始发脾气，他大哭着不停地说"坏妈妈"，并且拒绝离开楼梯口。

"瓜瓜因为玩具小车不见，所以很难过是不是？"我开始帮他"标记情绪"。

"玩具小车不见了，妈妈也很难过，妈妈也没想到会被人拿走。但是，瓜瓜一味地难过，玩具小车会自己回来吗？"瓜瓜摇头，我留意到他开始在思考。

"那么我们应该怎么做呢？"

"保安叔叔……"他给我提了醒，这时他已经不再哭闹了。我觉得他提了一个不错的主意，最后我和他走到管理处查看监控，发现原来是被一位清洁阿姨拿走了，后来清洁阿姨也归还了玩具小车。

帮孩子"标记情绪"，明确地告诉孩子，他正在体会到的情绪叫什么，为什么会有这种情绪，相当于提醒孩子注意自己的情绪，有助于孩子对情绪的感知和思考，事实上也是在触发孩子的理智脑思考，帮助孩子的情绪脑与理智脑实现"联结"，最终有助于孩子更快地从不愉快中平复下来。

所以，情绪是可以管理的，在孩子脑瓜搭"小桥"是关键。

2. 情绪不管，会丢"三件宝"

虽然孩子情绪自控差，常常是大脑发育不够成熟的原因导致，但并不是放任孩子的情绪发展，孩子未来就能拥有好情绪。因为我们身边也不乏有情绪自控力差劲、脾气糟糕的成年人。

除此之外，还有孩子的负面情绪持续力的问题。有些孩子的负面情绪比较短暂，比如一个小女娃因为玩具被抢很生气，但她一转身被身旁的另一个玩具吸引，她可能便一下子忘记了生气；但有些孩子的负面情绪却持续很长时间，给孩子带来的不良影响也不是一瞬间。值得父母们重视的是，幼年时期孩子如果不懂情绪管理，可能会丢掉"三件宝物"：

教师节前，一个小女孩在妈妈的帮助下，花了两天时间给老师做了一把漂亮的手工玫瑰花。当她拿着那把亲手做成的红色玫瑰走在路上，一个陌生的小女孩说了一句："我做的手工玫瑰比她的更漂亮……"小女孩有点生气，负面情绪让她不停地想：

要是老师不喜欢玫瑰怎么办？

要是老师不喜欢红色的玫瑰怎么办？

要是老师不喜欢手工做的玫瑰怎么办？

要是老师觉得我做的手工玫瑰太丑怎么办？

……

她越是这样想，情绪就越糟糕，到了学校门口时，她一气之下便把手里的玫瑰花丢进了垃圾桶。进到教室后，赫然发现老师的讲台

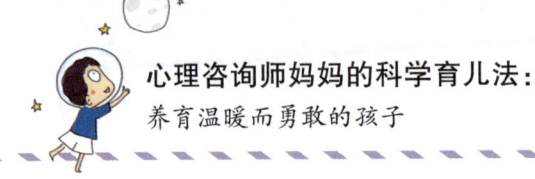

心理咨询师妈妈的科学育儿法：
养育温暖而勇敢的孩子

上，有一把比她做得还糟糕的红色手工玫瑰，是班里一位小男孩做的，老师很开心地对小男孩说谢谢，还说那是她收过的最可爱的礼物。

荷兰儿童情绪力控制专家艾琳·斯奈儿说，虽然所有情绪都没问题，但不是所有的情绪行为都是好的。因为负面的情绪模式常常会给孩子带来不理智的行为。我们知道，消极情绪是孩子应对外界威胁的第一道防线，会让孩子的大脑进入战斗准备，战斗准备状态下的大脑，其实是非常容易让人做出不理智的行为的。当一件不好的事情发生后，孩子们第一时间在脑袋中出现的想法往往也是错误和片面，缺乏理性思考。因为情绪脑是理智脑处理时间速度的50倍，情绪先行是大脑一贯的运作方式。

在这种缺乏理性思考的反应下，孩子往往凭借下意识的情绪而行动：

生气时，孩子可能会做出让自己更生气的事情；

沮丧时，孩子可能会做出让自己更沮丧的事情；

悲伤时，孩子可能会做出让自己更悲伤的事情……

结果是孩子在糟糕的情绪中让境况变得一塌糊涂。

所以，负面情绪会让孩子丢掉"理智"，这是孩子丢掉的第一件"宝"。

有一个小男孩，上课时因为小同桌用铅笔不小心戳了一下他的手臂，他一下子变得很生气，狠狠地瞪了同桌一眼，还总寻思着什么时候也用铅笔狠狠地戳回对方，即使一次也好。他的脑袋被负面情绪控制，一会儿看看老师有没有看过来，一会儿看看同桌是否有留意他……他的脑袋被这些想法塞满，以至于当老师让他回答问题、全班小朋友的视线扫射他时，他还在比划着手上的铅笔，做"戳人"状动作……全班哄堂大笑。

难怪耶鲁大学心理学

第四章
好脾气，孩子受益终生的礼物

家马克·布兰克特(Marc Brackett)说，情绪会影响注意力和记忆力。幼年时期，孩子的注意力本来就差，再加上情绪的影响，后果将会更差了。

我们不难想象，当一个因为没能及时吃上糖果而沉浸在生气中的孩子，他绝对不会继续跟随你好好阅读绘本；

我们也不难想象，当一个因为小金鱼突然死去而沉浸在难过中的孩子，他绝对不会继续专心玩积木；

我们更不难想象，当一个因为被嘲笑作业零分而沉浸在丢脸中的孩子，他绝对不会继续专心写作业。

所以，总带着负面情绪，会让孩子丢掉"专注力"，这是孩子丢掉的第二件"宝"。

一个小女孩在路上走，不小心踩了狗狗的大便，她的新鞋子一下子变得又脏又臭，她很难过，因为她想着她的脏臭鞋子会被其他小朋友嘲笑，并且还会被妈妈责骂和数落……

这时她的好玩伴拿着一个小小的芝士蛋糕出现了，好玩伴想跟小女孩分享她最爱的食物。玩伴勺了一口带菠萝果肉的蛋糕给小女孩吃，却被小女孩张口大骂："你是故意用菠萝香味来证明我很臭吗？"小女孩气鼓鼓地离开了，留下了一脸惊讶的小玩伴。

当人处在负面情绪时，常常会觉得所有人故意针对他，这是普遍存在的心理现象。深谙人性和心理的作家约瑟夫·格雷尼说，在我们情绪化的时候，不管别人说什么，都会被我们过度解读，觉得对方在针对我们，挖苦我们。当我们生气时，总觉得别人在故意气我们；当我们难过时，总觉得别人在故意嘲笑我们……

115

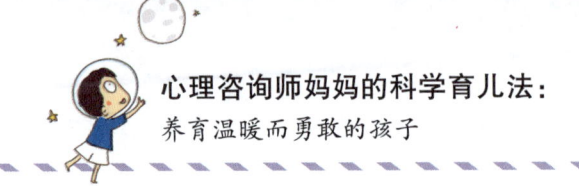

所以，负面情绪，也可能会让孩子丢掉"好人际"，这是孩子丢掉的第三件"宝"。

3. 大脑，也能像肌肉那样锻炼

我在前面已经提到的达马西欧的躯体标记假说认为，想要情绪管理，需要刺激情绪脑与理智脑的联结，帮助孩子认识到自己的情绪。这个认识情绪的过程，其实是理智脑运作和思考的过程。

刺激大脑，跟锻炼肌肉很像。当孩子总是任由情绪肆虐，是在不断地刺激情绪脑，情绪脑被刺激得越多，情绪脑越发达；相比之下，当孩子总是懂得管理情绪，不断地刺激理智脑，形成大脑的肌肉记忆，是在不断地帮助理智脑发育成熟的过程。理智脑动得越多，孩子的理智思考、情绪管理能力也会越强。

举一个常见的例子。当一位妈妈总是纵容自己的女儿通过哭闹获得可口的零食，即当孩子一哭，妈妈受不了孩子哭，便用零食止哭。孩子在这些"屡哭屡得零食"的过程中，不断地启动她的情绪脑，便最终练就了强大的情绪脑。孩子每一次有需求时就哭闹，直至妈妈答应为止。这样的孩子在长大后，也习惯以闹情绪的方式"解决"问题，因为他们的理智脑很幼稚。因为孩子"屡哭屡得"，大脑会长"恶果"。

在这样的事例中，如果这个孩子懂得情绪管理，当开始哭闹时，通过妈妈的提醒或自我觉察，及时认识到自己的负面情绪，启动理智脑的思考，便有助于小女孩采用合适的询问方式征求妈妈的意见，孩子的理智脑

第四章
好脾气，孩子受益终生的礼物

得到刺激。当孩子总是用合适的方式处理自己的情绪后，相当于不断地锻炼自己的理智脑，最终小女孩也会获得良好的情绪管理能力。

一个小男孩悄悄拿了爸爸的手机玩游戏，正玩得高兴时，爸爸出现在身旁。爸爸批评孩子乱玩手机，在没收手机后，小男孩突然脸色发红，猛地站起来，一转身就把额头撞向了旁边的墙壁上，额头立即泛起了紫青色。爸爸妈妈都被吓坏了，不知这孩子怎么了，他们甚至怀疑孩子在"自虐"。

孩子生气时抓头发或撞墙，是故意"自虐"吗？经常会有父母问我这样的问题。

在面对孩子疑似"自虐"的行为上，加拿大圭尔夫大学的心理学家Stephen Lewis和不少心理学家认为，自我伤害其实是表现出了无法正确处理情绪。即年幼孩子看似的"自虐"其实不是真正的自虐，他们这种行为跟成年人的"自虐"是有差别的。大部分情况下，孩子们只是不懂得如何管理情绪，继而用了错误的情绪表达方式。孩子这种负面的情绪表达方式，也是在不断地刺激情绪脑，让情绪脑最终变得强大。结果便是幼年时期经常性以负面情绪表达情绪的孩子，如果父母不加以纠正和引导，孩子便养成习惯——通过让自己难受的方式发泄情绪，这便可能会导致成年人真正的"自虐"行为的产生。

所以，当父母在面对一个孩子用头撞墙或狠狠抓扯头发等情绪失控的行为时，别用"有色眼镜"看待孩子，更不要指责打骂孩子，因为父母的负面行为，会让孩子终将难成"情绪管理健将"。父母使用负面应对方式，会进一步加剧孩子情绪脑的活动，让孩子的情绪脑更强大；相比之下，如果父母安抚情绪失控的孩子，提醒孩子可以通过更合适的方式表达情绪，这才是帮助孩子用理智脑思考，继而也会帮助孩子的理智脑发育更成熟。

117

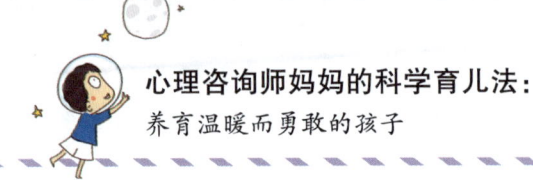

所以，孩子的大脑也能像肌肉那样锻炼，经常进行情绪管理，便有助于他们的大脑发育成熟。

4. 五岁时情绪力良好，未来有惊喜

美国第十六任总统林肯，是公认的"情绪管理大师"，他有一段往事广为流传。据说在林肯竞选总统时，有一个人公开侮辱和嘲讽林肯的外貌丑陋，对方说："林肯拥有全美国最难看的腿和手，手长脚长又无知……"他甚至还写信给林肯直接挖苦他。后来，林肯当上总统后，力荐一位名叫史丹顿的人为陆军部长。顾问提醒林肯说，史丹顿正是当年侮辱他的那个人。但林肯听到不以为然："这些我都知道，但我觉得没有人比他更适合担任这个职位了！"在林肯被刺离世的时候，史丹顿说："这里躺着的，是人类有史以来最完美的元首。"林肯的情绪管理能力，不仅让自己获得了好助手，也让自己成为一位充满美誉的好总统。

情绪管理能力，常常能为成年人带来好运，孩子的情绪管理能力也同样重要。可以说，幼儿期的情绪管理能力，将影响孩子未来的成就，有研究为证。

美国宾夕法尼亚州立大学心理学家达蒙·琼斯（Damon Jones）有一项历时20年追踪的研究。他发现，一个孩子五岁时的情绪管理能力，是预测孩子未来成就的一大指标——孩子是否会获得更大的学业成就和更良好的人际关系，幼年时期的情绪管理能力，对于他们的未来和命运会产生巨大的影响。当一个孩子从小懂得情绪管理，他不仅在将来能拥有成熟思考的大脑、稳定的情绪、积极的思维模式，他还能拥有优秀的专注力，良好的人际交

第四章　好脾气，孩子受益终生的礼物

往关系……这些品格往往是一个人获取成就的基础。相反，一个人如果连自己的情绪都控制不了，将何以掌控自己的人生呢？

有一个小女孩的故事让我印象深刻。

这是一位黑人裔美国小女孩，名叫Asia Newson。她从五岁起就上街兜售自己制作的蜡烛，她总是充满热情地跟人说，她制作的蜡烛很漂亮，充满了魔力。她经常被街上的人拒绝，但是她却说："那些没办法成功卖出东西的人，是因为他们对自己要卖的东西不够有热情。"Asia Newson从不因为被拒绝而生气或愤怒，更没有因此放弃，她一卖就是五年，还创立了自己的公司。后来她不仅得到了底特律一家公司的支持，还被邀请到美国著名的脱口秀节目Ellen Show和全球最大的舞台TED演讲。

毫无疑问，Asia Newson将有一个异常精彩的人生，这都是因为她有着成熟的情绪管理能力。

这种能力，你也该教给自己的孩子。

5. 越早播种，花儿会越美

据《华盛顿邮报》报导，美国越来越多的幼儿园，将如何控制情绪的教育纳入正式课程，认为有助于孩子尽早学习情绪管理。因为即使是那些两岁的宝宝，也已经有开始尝试控制情绪的想法，无奈情绪脑过于发达，让他们总是受困于情绪脑而表现出情绪难以自控。

除此之外，孩子越早学会情绪管理越好，因为幼年时期的情绪模式会形成思维定式。为什么？

越早播种，花儿会越美？

119

心理咨询师妈妈的科学育儿法：
养育温暖而勇敢的孩子

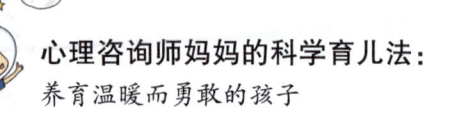

当幼儿总是习惯以负面情绪对待身边的人和事，事实上幼儿是在不断地重启情绪脑，就像锻炼肌肉一样，情绪脑会变得更强大；当幼儿在父母的正确引导下，学习情绪管理，尝试理智地对待和处理情绪，事实上这是他们在不断地重启理智脑的过程，将促进理智脑的前额叶皮质的发育和成熟。这一点我在前面已经提过。

用认知心理学家丹·艾瑞里的话来说，瞬间的情绪不仅会影响人当时的行为，而且可能会使得人今后在类似的情境里做出与先前一模一样的选择。即幼年时期的情绪模式会形成思维定式，当类似的场景发生时，那些总是以负面情绪对待事情的孩子，未来也会习惯负面情绪对待身边的人和事；总以积极情绪反应的孩子，未来也会习惯以积极情绪反应。这好比一个小男孩小时候被大黑狗吓到尿裤子，他长大后可能远远看见大黑狗就会汗毛竖起。

除此之外，这种思维定式还会"举一反三"，因为大脑的情绪具有一致性。比如，当孩子表现出愤怒时，大脑会自动联想起很多与愤怒相似的记忆，让孩子变得更加愤怒。想想"人逢喜事精神爽"和"屋漏偏逢连夜雨"，情绪好的时候，看到哪里都是花儿盛开；当情绪不好的时候，看到哪里都是枯枝败叶。跟积极情绪相比，负面情绪"举一反三"的能力会更强大，破坏力也更大。这就是积极心理学家乔纳森·海特所说，人们内心的大象会放大负面情绪反应。

小时候有一位玩伴，她的妈妈脾气暴躁，她的脾气也不小。一次午饭前，只有她和妈妈在家吃饭。这时一对乞丐母子上门，她妈妈听到乞丐唠唠叨叨的有些烦，给乞丐怒装了两大碗饭，结果回到厨房才发现自己和女儿没饭吃了。女儿白了妈妈一眼，一怒之下把桌上的菜和肉全倒给了乞丐。结果那顿饭两母女怒抢喝汤，把我笑得肚子痛。

后来玩伴长大也成了妈妈，她的暴躁脾气可一点也没变，但她的"怒"却成了被女儿嫌弃的臭毛病。有一次因为往女儿碗里怒塞肉，被自己女儿怒怼："你以为我是乞丐？"她的丈夫也说："如果不是脾气暴躁，我的妻子几乎是一个完美的人。"

第四章
好脾气，孩子受益终生的礼物

我想说，如果她小时候懂得情绪管理，就真的是一个完美的人。虽然她很善良，但火爆的脾气常常让人不敢靠近。

所以，孩子越早学会情绪管理，越早获得良好思维定式；越早播种，花儿越美。

"坏虫子"情绪管理

记得大学时，有一次我在校园里的一间小商店买东西，在排队结账时，排在我前面的是爷孙俩，是一位退休老教师领着孙子买东西。

小男孩看起来脾气很坏，他嘴里不停地跟爷爷说"要买电动小火车"，老人一次又一次地说："大白，别生气别生气！"小男孩不为所动，还把爷爷放在购物篮的商品一个个丢到了地上。

老人心平气和地捡起来，一边捡一边说："别着急，大白，你看看外面的小鸟在叫呢，保持好心情！"小男孩瞪了爷爷一眼，还阻止爷爷把已结账的东西放袋子里……

旁边有人说："这位老师，您老人家的脾气真好，大白有您这位爷爷真幸福……"老人笑着说："大白是我的名字，呵呵……"

在场的所有人都哈哈大笑。

现在看来，这位老教师是真正懂得情绪管理的精髓。

那么父母在面对孩子的糟糕情绪怎么办呢？当父母面对一位撒泼哭闹的孩子，怎样做才是科学的应对法？

首先父母自己要懂得情绪管理的科学方法，面对撒泼的孩子不生气，实现情绪自控；接着父母理解孩子撒泼的糟糕情绪，也把科学的情绪管理方法告诉孩子；最后父母和孩子要经常相互提醒，因为情绪管理并不是一

心理咨询师妈妈的科学育儿法：
养育温暖而勇敢的孩子

件"知道了方法就能成为圣人"的事情，而是一个经常自我提醒和不断进步的过程，最终才能实现情绪模式的纠正。

所以，父母面对孩子的情绪失控，整个过程就像一位合格的老师教孩子解数学题。首先这位老师要懂得解答，懂得背后的科学原理，接着理解孩子不懂解答的焦虑和原因，安抚孩子后把科学的数学原理和方法教给孩子，还需要经常在练习中加以应用，最终帮助孩子掌握这个科学的数学方法。

第一步：父母情绪自控
第二步：父母理解孩子
第三步：父母把科学的情绪管理告诉孩子
第四步：经常相互提醒

情绪管理跟解数学题很像？

有一位朋友，在某一天突然跟我感叹说："当父母真的是一场修行呀。"我说："当然是！为什么突然这样说？"她说："我知道要控制情绪，但是我做不到啊，每次孩子闹腾都会激怒我，每次生气完又后悔……总是这样反反复复！"的确，她反映了大部分家庭的状况，这也是我在前面提过的"吼瘾"。

那么，当孩子情绪肆虐时，父母具体该怎么做？

1. 抓住脑子里的那头"牦牛"

有一个古印度的传说故事。说有一个人，晚上躺在床上睡觉时，迷糊中"看见"一头愤怒的牦牛朝他冲来，一连好几个晚上都是如此。他惊恐异常地跑去问自己的老师，老师让他当晚在那头牦牛的头上涂红墨水，这样老师就能帮他抓到那头可恶的牦牛。

第四章
好脾气，孩子受益终生的礼物

当天晚上，他又碰到了之前的情况，按照老师的建议，当牦牛愤怒地冲过来时，他抓起蘸着红墨水的笔，在牦牛的头上涂抹了几下。

第二天，他兴高采烈地跑去找老师，说已经按照老师的建议做了，他问老师接下来该怎么办。这时老师哈哈大笑说："自己去照照镜子，你便能找到那头牦牛。"

这个人往镜子前一站，也大笑起来，因为他的额头上满是红墨水，那头愤怒的牦牛正是他自己。

我爱把情绪ABC理论称为情绪管理的"特效药"，它是由心理学家阿尔伯特·艾利斯创立，A代表发生的事件，B代表大脑对事件的解释，C是不良情绪或行为结果。举个例子：

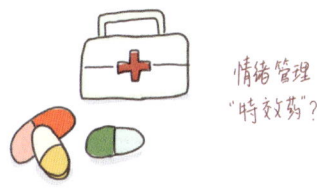

当你带孩子上幼儿园，路上被一位骑车的老人撞了过来，你右脚的脚面瞬间被碾破了皮，还渗出了些许血丝。幸亏没撞到孩子，但你很生气，自己和孩子已经尽量靠路边了，所以你觉得老人是故意的。这时你不仅愤怒地指责老人，还要求老人赔你医药费。

在这个意外事件中，你的情绪ABC是这样的：

A：被老人骑车撞；

B：你觉得老人是故意的；

C：你很生气，愤怒地指责老人，要求老人赔你医药费。

紧接着，事情发生了转折，你发现老人撞到你之后，连人带车摔到路边的水沟里去了，呻吟了一下还昏迷过去了。这时你让路上熟悉的邻居帮你带孩子上学，还赶紧呼叫救护车。当老人被送到医院，老人便被诊断出

123

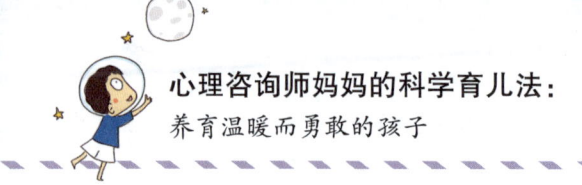

中风，医生告诉你，老人将半身不遂度过余生，并且医生还透露：老人骑车失控，是因为脑部的血管突然出血眩晕导致的。听到医生的话，你对老人充满同情，也暗暗提醒自己，不要再向老人索要医药费了，老人已经够可怜的了。

这时你行为和情绪的变化，是因为"B"改变了，由原来的认为"老人故意的行为"，变成了"意外疾病下导致的行为"。

上面的故事，是因为真相浮现，导致你脑中"B"对事情看法的改变。事实上，很多时候这个"B"很难改变，才常常导致无数的误会和不愉快每天都在发生，也包括父母与孩子之间的情绪矛盾。其实"B"不仅是客观的事实，也常常代表一个人对事情的看法和心态。用古埃及哲学家埃皮克提图的话来说，就是：人不是被发生的事所困扰，乃是被对该事的看法所困。简言之，当你被"老人骑车撞到"而生气，其实不是因为"老人骑车撞到你"这件事而生气，而是因为你对"老人骑车撞到你"的看法而生气，因为你觉得老人是故意的；当你的看法改变，发现老人是因为中风才导致的意外，这时你的生气情绪便瞬间消失得无影无踪。

在情绪ABC理论中，"A"是不变的，"B"和"C"是可变的，即事实不可变，当人的看法改变，会改变这个人的心态、情绪和行为。难怪法国知名心理学专家米歇尔·勒朱瓦耶说："你无法制止抑郁的小鸟从你头顶飞过，但你可以制止它们在你的头上筑巢。"

在父母面对孩子情绪肆虐时，其实也是同样的道理。

当父母因为孩子情绪肆虐而引起父母自己也情绪糟糕时，根本原因不是孩子情绪肆虐这件事，而是父母对孩子情绪肆虐这件事的看法，才给父母自己带来了情绪糟糕。这时只需要把ABC中的"B"替换掉，父母用正面而积极的心态看待孩子情绪肆虐这件事，就会带来了新的结果"C"，建立新的正面的情绪ABC连接，父母实现情绪管理。所以情绪ABC理论，其实是情绪管理的"特效药"。

第四章
好脾气，孩子受益终生的礼物

安娜爸爸"五次"情绪顿悟背后的智慧：

一位爸爸给女儿安娜网购了一只芭比娃娃，作为女儿五岁的生日礼物。但是当安娜拆开芭比娃娃的包装时，她很失望地哭了，还在生气中把芭比扔到了地上。这时爸爸从厨房出来，看到安娜的无礼行为很生气。

这时爸爸的情绪ABC模式是这样的：

A：安娜生气，还把芭比扔地上；

B：爸爸觉得安娜无礼，辜负自己送礼物的好意；

C：爸爸很生气。

这位生气的爸爸正要向女儿发火时，突然想到情绪ABC理论——女儿或许有自己的理由。这时爸爸便蹲下身，安抚生气的女儿，还温柔地问发生什么事。女儿说："芭比的头饰烂了。""哦，这的确是一个值得生气的理由"，爸爸恍然大悟。

这时爸爸的情绪ABC模式是这样的：

A：安娜生气，还把芭比扔地上；

B：芭比的头饰烂了，安娜有理由生气；

C：爸爸理解了女儿的情绪，不生气了。

这时，爸爸庆幸自己没有乱发火，他还积极地引导女儿："我看芭比原来的头饰还没你昨晚做的手工玫瑰花漂亮，头饰坏了是好事，我们给芭比做一个更漂亮的头饰吧！"安娜愣了一下，随即开心笑了："是呢，爸爸，我也真觉得芭比原来的头饰不好看。"就这样，两父女便拿出了剪刀、胶水和手工布，给芭比做了一个比原来还漂亮十倍的头饰。安娜觉得开心极了。

没多久，安娜爸爸知道了孩子们常常情绪先行，其实是因为大脑发育未成熟、不懂情绪管理导致的，所以大人不应该跟孩子一般见识。

这时爸爸的情绪ABC模式变成了这样：

A：安娜生气，还把芭比扔地上；

125

B：孩子大脑发育未成熟，不懂情绪管理；

C：爸爸理解了女儿的情绪行为，不生气了。

经历过这次"芭比风波"，爸爸有了新的感悟。他认为所有不懂情绪管理的人的所有情绪误解，都可以用情绪ABC模式表达：

A：所有人包括孩子表现出来的情绪糟糕的行为；

B：大脑做出不正确的解释：比如，这是对方故意挑衅，让人不好过；

C：不良行为表现：比如，"我"可以用负面情绪反击。

安娜爸爸认为，持这种情绪模式的人，是情绪自控力不够的表现，当人学会科学的情绪管理方法后，正确的情绪ABC模式应该是这样的：

A：所有人，包括孩子们表现出来的情绪糟糕的行为；

B：他们的情绪糟糕会让"我"也情绪糟糕，但"我"可以选择"不糟糕"；

C：无论遇到什么，"我"总表现出良好的情绪管理能力。

这种情绪模式，其实是人类智慧的结晶。据说中国古代哲学家王阳明曾经历经多次科举考试不中，被父亲开导说："此次不中，下次努力就能中了。"王阳明却笑着说："你们以不登第为耻，我以不登第却为之懊恼为耻。"

难怪有人说，高手，其实是主动选择情绪。养孩子是一场修行，修的是父母们的情绪智慧，那些大喊大叫的父母，总会错过教孩子如何管理情绪的机会。

所以，想要孩子懂得情绪管理，父母要抓住脑子里的那头"牦牛"，自己懂得情绪管理是第一步。

2. 儿童版"情绪ABC"

在古代的一个寓言故事里，有一位小公主生病了，要她的国王爸爸摘天上那颗最亮的星星给她，每一次想到便要大吵大闹。这位国王爸爸很疼爱小公主，他召集了全国所有的智者和大臣商讨，大家却找不到摘星星的方法。

最后一位扫地的仆人，仆人家里刚好有一位跟小公主年龄相仿的孩子，她忍不住插嘴说："问小公主怎么做便知道。"在场的所有人恍然大悟，觉得那是妙招。

当仆人把公主带到众人面前，众人诚心请教，小公主突然脸蛋一红，说："对不起，我也觉得我太胡闹了。"

所以，真正"懂"孩子的父母，当孩子情绪肆虐时，需要"换一种方式"。

儿童版"情绪ABC"，为什么适合年幼孩子？

这是由幼儿的大脑和思维特征决定的。我在第二章已经详细解释过，幼儿由于语言能力不足、理解力差、表达力也不足；还由于幼儿的具体形象思维，他们的一切思维要以具体实物为基础，难以理解和记住成年人的抽象说教和大道理；再加上幼儿的大脑未发育成熟，总表现出情绪先行……

这些幼儿客观的特征，决定了他们在面对父母要求他们"控制情绪，别哭别闹"等口头语时，实在是相当于听"废话"。当父母在面对情绪糟糕的小朋友时，如果像面对一个成年人那样给孩子传授抽象的"情绪ABC理论"时，也难免像说"天书"。

还记得大脑奇特的二层楼房子吗？

我在第二章也详细说过，孩子大脑区域的发育不是同步的，即孩子的情绪脑从出生后已经发育得相当完善，而理智脑还处于缓慢发育中。简言

心理咨询师妈妈的科学育儿法：
养育温暖而勇敢的孩子

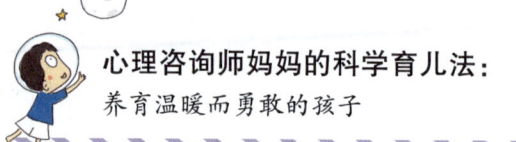

之，孩子大脑的二层楼房子，一楼已经建设完全，二楼还未封顶。

在这座二层楼房子里，一些"生气虫""害怕虫""伤心虫"……这些坏虫子住在一楼，大多数情况下，这些坏虫子是关在笼子里的；负责理智的大脑"监狱长"住在二楼，但"监狱长"在孩子年幼的时候不是很尽责，还常常犯懒，以至于"生气虫"等这些坏虫子常常偷偷跑出来捣乱时，能把大脑这座二层楼掀翻……

就像讲故事那么有趣的情绪管理：

对于一个处于具体形象思维的孩子来说，他们不理解什么叫"情绪管理"，也不懂得"情绪ABC"，这些词对小孩子来说过于抽象了。情绪其实是一种跑来跑去的意识，"堵"是堵不住的；"清"也不行，因为情绪无法定点；所以面对情绪，正确的做法应该是"断"。"断"对孩子来说也不够形象，所以我干脆跟孩子们说："宝贝，把你那条'坏虫子'关进笼子里。"

通过帮孩子把各种典型情绪"形象化"：当孩子们生气时，是因为"生气虫"跑出来了；当孩子们害怕时，是因为"害怕虫"在捣乱；当孩子们着急时，是因为"着急虫"在连滚带爬……这种视觉形象化的教育，孩子们不仅听得懂、记得住，还能方便他们理解和表达情绪，最终帮助他们迅速实现情绪管理。

举个例子，当一个小男孩在客厅乱跑，不小心撞到了椅子，痛得直掉眼泪，孩子认为是椅子撞到了自己，所以孩子要"惩罚"椅子，他把那张可怜的小椅子举起来狠狠地摔地上。这时孩子这个情绪ABC是这样的：

A：撞到椅子，很痛；

第四章
好脾气，孩子受益终生的礼物

B：椅子撞到我，它是错误的；

C：我生气，"惩罚"椅子。

如果孩子用"坏虫子"情绪管理情绪，他的情绪ABC应该是这样的：

A：撞到椅子，很痛；

B："监狱长"又在发懒；

C："生气虫"跑出来了。

这时只要提醒大脑的"监狱长"把"生气虫"关回笼子里，就能帮助孩子恢复情绪，这时孩子的情绪ABC变成了这样的：

A：撞到椅子，很痛；

B："监狱长"开始工作；

C："生气虫"被关回去了。

我曾经给孩子们讲过一个这样的故事：

森林里，三只小黑猪在河边玩耍，这时有一只猪大叔从树丛中跑出来，莫名其妙把它们打了一顿就跑了，三只小猪觉得很痛苦。

第二天，三只小黑猪在河边玩耍时被大灰狼抓住了，大灰狼对它们说："我可以不吃你们，但条件是你们要给我打一顿。"结果三只小猪高高兴兴地让大灰狼打了一顿。

都是被打一顿，三只小猪在前一天感觉痛苦，后一天却感觉很快乐。痛苦和快乐，只是因为小猪们对事情的看法不同。

"坏虫子"情绪管理的

129

心理咨询师妈妈的科学育儿法：

养育温暖而勇敢的孩子

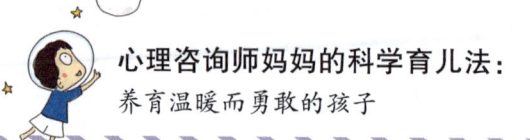

本质，其实是从小给孩子建立一套积极的思维习惯：我情绪糟糕，并不是因为事件本身让我情绪糟糕，而是我对事件的看法导致我情绪糟糕；我生气了，是因为"生气虫"跑出来了，跟事情无关。只要我通知大脑"监狱长"把"生气虫"关回去，我便能恢复情绪。我具有跳出来看待情绪的能力，这也是情绪管理的真谛。

哪条"坏虫子"跑出来？为何最关键？

美国耶鲁大学医学院有一位戒烟专家名叫Judson Brewer，在实验中，他用一种全新的方法让烟民们戒烟，结果发现他的方法比传统的戒烟法好用很多。在被他称为"Rain"的四个步骤中，其中第一步便是"标记感情"，他让烟民们意识到"想吸烟是一个情感"，接着以"旁观者"的目光观摩这个情感，最终实现跟这个情感的分离，帮助烟民们把烟瘾打败。实验结果发现这个方法比传统的戒烟法好使多了。

我在前面的躯体标记假说中也提到，要想帮助孩子实现情绪脑与理智脑的"联结"，实现情绪管理，"标记情绪"是关键，即"哪条坏虫子跑出来了"？在这个过程中，孩子的大脑是如何运作的？

当孩子情绪肆虐：

当孩子生气撒泼打滚，或当孩子因害怕而举步不前，或当孩子伤心而流泪不止……这便是孩子的情绪脑被"坏虫子"打砸，"生气虫"跑出来了，"害怕虫"跑出来了，"伤心虫"跑出来了……

"哪条坏虫子跑出来了"？这个提醒能启动理智脑思考。

当父母帮孩子"标记情绪"或让孩子学会自己"标记情绪"，比如说"你害怕是因为害怕虫跑出来了，它让你变得恐惧"，这时是在触发孩子的理智脑思考的过程，"哪条坏虫子跑出来了？"也是在提醒大脑的"监狱长"要起床工作了。这个认知很重要，有人甚至认为"标记情绪"是猿猴们没能拥有的能力。当孩子的理智脑被触发，也便是情绪开始"冷却"的过程。

"监狱长"来到"坏虫子"面前，两脑"牵手"：

第四章
好脾气，孩子受益终生的礼物

当孩子情绪肆虐，"监狱长"听到"害怕虫跑出来了"，"监狱长"便来到害怕虫面前，实现情绪脑和理智脑的"牵手"。孩子通过理智处理情绪，"监狱长"把"坏虫子"关回笼子里。

"哪条坏虫子跑出来了"？实际上是让孩子留意情绪ABC中的"C"，继而帮助"B"的改变。

我的女儿果果还未满两岁时，她有着"强大"的情绪脑，如今我常常说果果是个"哦"宝宝，纵使不能让她的坏情绪从此消失不再发生，也能帮她在意识到不良情绪时，通过"哦"一声神奇地中止。

有一次，她和哥哥两人在房间里建造他们的泡沫小屋，每一片泡沫虽然很轻，但是体积很大。她因为身体较小而不能搬动，然而她有着无穷的参与热情，她一次又一次地尝试搬起一片体积比她大3倍的泡沫，在经过房门时由于没懂得转换方位被卡住了，她尝试了好几次都没成功，最后，她愤怒得眼泪鼻涕往外进，还狠狠地把手上的泡沫摔在地上。当她哥哥帮她捡起来，她一接过去立即又扔地上……她在狠狠地"惩罚"让她生气的泡沫。

"小小'生气虫'在捣蛋啦！"果果抬头，就像被按压了一下情绪"小按键"，她"哦"一声，便转身跟哥哥说："哥哥，来！"示意哥哥搬泡沫后，她自己便爬进哥哥那座已经建了一半的泡沫小屋里面，开始像一只小兔子那样蹦跳起来，完全忘记了刚才的不快。

按按情绪"小按键"

在这里，"小小'生气虫'在捣蛋啦"，这个"标记情绪"的动作，让孩子立即联想到"监狱长又在发懒"，意识到自己生气的现实，孩子的情绪ABC变成了这样：

A：我搬着泡沫片进不去房间；

B："监狱长"又在发懒，我提醒"监狱长"工作；

131

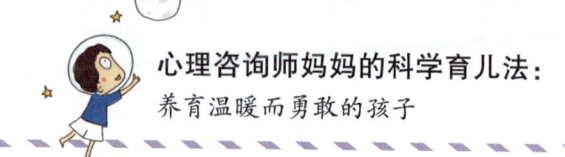

心理咨询师妈妈的科学育儿法：
养育温暖而勇敢的孩子

C："生气虫"被关回去了。

提醒：孩子的情绪管理能力，是个慢慢"熟手"的过程。

理智脑中的"监狱长"一开始不仅力量弱也很懒惰，情绪脑中的"坏虫子"在一开始也很强大。但是"监狱长"动得越多会越尽责，"坏虫子"被关的时间越长也会越快变小，所以孩子的情绪管理能力是一个慢慢"熟手"的过程。

换言之，孩子完全克服负面情绪需要一个过程，但当孩子跟妈妈说"我的坏虫子开始在捣乱"，这一"标记情绪"的动作，常常能让负面情绪消减不少。虽然孩子的情绪管理能力一开始比较差，但是，你要相信孩子每一天都在进步，正如我在第二章提到的，孩子们会把"二层楼房里的监狱长与五条坏虫子的战斗"游戏越玩越溜。

"爱哭鬼，真让人讨厌，我不爱你！"一位妈妈对自己正在哭闹的儿子抱怨，小男孩"哇"一声哭得更大声了。

为什么会这样？这种人格化的否定，会带来对孩子自信的伤害。正如荷兰儿童情绪力控制专家艾琳·斯奈儿说："你不是你的情绪，你只是拥有者。"就像我经常跟我的孩子们说："你们不是爱哭的孩子，只是刚好感觉难过；你们不是爱生气的孩子，只不过是'生气虫'刚好跑出来捣乱了……"

别小看这种说法，这能给孩子带来自信，这是坏虫子情绪管理法给孩子们带来的"意外礼物"。因为每一次不好的感觉都会让孩子们沮丧，继而削弱掉他们的一些自信。当父母说"你不是坏孩子，只不过是'坏虫子'跑出来捣乱了"，这样能帮助孩子"观摩"自己的负面情绪，而不是自我否定，更不会觉得自己是坏孩子。这种习惯，也能帮助孩子更快地接

第四章
好脾气，孩子受益终生的礼物

受错误和纠正错误，也学会不害怕错误，养成稳定的情绪能力，快速实现各方面的进步和成长。

有一位读者妈妈曾经跟我分享了她女儿的故事：

有一天下午，她的女儿从幼儿园放学回家，看到妈妈便"哇"一声哭起来。

妈妈问："怎么了？"

"妈妈，老师说我是一位脾气坏极了的小女孩，没人喜欢我这样的坏孩子……"表情委屈得就像一枚皱巴巴的红枣。

"不是的，你并不是坏孩子，只是刚好情绪的'坏虫子'跑出来捣乱了……"

小女孩静静地听着从妈妈嘴里说出来的大脑"坏虫子"与"监狱长"的情绪故事，皱巴巴的红枣脸慢慢地变得舒展起来。

坏虫子情绪管理，为什么父母也会是大大的受益者？

有一位妈妈曾经给我留言，感谢我"治好"了她的打骂"瘾"。

这位妈妈小时候是在父母的棍棒下成长的，长大后她跟父母的关系很疏远，所以她强烈地意识到，打骂孩子会导致亲子情感的破裂。虽然有这样的认识，但是她在养育孩子过程中总会控制不住打孩子的冲动。

因为坏虫子情绪管理，她很多时候能在暴怒时被儿子"熄火"。

有一次，当她因为儿子把玩具撒了满地、还把一杯水倒在了沙发上而暴怒，她4岁的儿子可怜兮兮地说："妈妈，你的'生气虫'出来了，赶紧把它关起来呀，要不然你儿子又要遭殃了……"非常意外地，在那一刻，她的暴怒情绪突然削减了不少。她说，现在她的儿子就像一个手持"警戒牌"的天使，总是在她非常暴怒时及时让她"熄火"。

手持"警戒牌"的天使

133

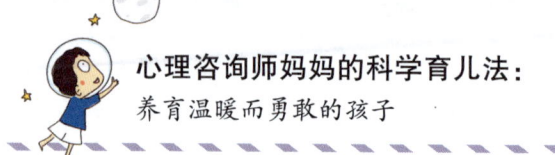

我有位朋友，也曾经跟我说了她和女儿两人坐汽车回老家的经历。

朋友的老家很远，坐车要颠簸四五个小时。车上小女孩想上厕所，但厕所一直关着，里面的人没出来。可能憋得太久了，等待了十多分钟后，小女孩忍不住哭了，裤子也尿湿了。引得车上的人都回头看。这位妈妈感觉很火，她一边用雨伞遮挡着一边给女儿换裤子，还没忘记阴着脸教训："你看你丢不丢脸？都六岁的孩子了，一点尿也憋不住⋯⋯"小女孩听到妈妈这样说自己，刚停下的哭泣又开始了。到后面，小女孩突然抬头看着妈妈："妈妈，你刚才'生气虫'跑出来了⋯⋯"说得这位妈妈满脸愧疚，她抱了抱女儿说"对不起"。她说"平时都是自己提醒孩子，当孩子提醒自己时，那种感觉很奇妙！"

没多久，这位朋友还跟我分享了她帮丈夫举"情绪警戒牌"的小趣事。

她的女儿平时写数学作业总要爸爸辅导。一天晚上，丈夫回到家有些晚了，小女孩有一道数学题怎么也解答不出来，希望爸爸帮忙。孩子的爸爸可能有些累，便表现得不耐烦："数学总是学不会，你以后别上学了！"小女孩有些委屈，旁边的妻子说："爸爸今天动脑太多了，你再让他动脑，所以'生气虫'不小心就跑出来了！要不你就空着这道数学题，明天回学校问老师好不好？"女儿点头。这时丈夫一下子愧疚起来："哎呀，还是让我来吧，'生气虫'觉得我要当个好爸爸，所以自觉爬回笼子里去了⋯⋯"

达尔文说，"人类能控制基本情绪，是演化的胜利，是文明的光荣"。而我要说，"坏虫子"情绪管理，能让这个胜利来得更容易。

3. 三个情绪"魔术棒"

"哈，你看我的生气虫又来了，真倒霉！"

像不像一只长颈鹿俯瞰自己的小情绪？像不像一个孩子在玩具桌上摆

第四章
好脾气，孩子受益终生的礼物

弄他的情绪小玩具？借助"坏虫子"情绪管理小工具，会让孩子的情绪管理更"直观"，就像孩子把自己的小情绪"捏在手心"。

这里推荐我平时最爱用的三个"坏虫子情绪管理"小工具，它们被我称为三大情绪"魔术棒"：一个是"情绪相框"，一个是"情绪对照表"，另一个是"情绪自省日记"，分别能起到情绪提醒、标记情绪、帮助孩子经常情绪自省的作用。

情绪相框

"情绪相框"，你最先想赶走哪只"坏虫子"？

这是大的坏虫子情绪图，把那个你和孩子最想先"赶走"的坏虫子，贴在或放在家里你想摆放的地方，每次负面情绪来临时，能起到及时和经常提醒的作用。例如，你可以用相框装起来摆在床头或书架，甚至是洗手间里，或者直接贴在书桌前面的墙壁上。想起鲁迅先生课桌上的"早"字了吗？

"情绪对照表"，是孩子的"情绪字典"。

这份"情绪对照表"中的情绪，建议父母根据自己孩子身上发生过的不良情绪列出来，即每个孩子的"情绪对照表"都不会完全一样，所以这是一张你家孩子专属的"情绪对照表"。当然随着新的负面情绪的出现，家长可以及时加上去。具体

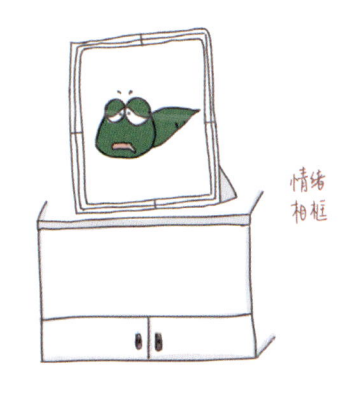

温馨提示：有关坏虫子漫画图，大家可以在我的微信公众号幼儿说免费下载使用。

情绪对照表

懒惰虫		1
着急虫		2
生气虫		3
分心虫		4
害怕虫		5
快乐虫		6

135

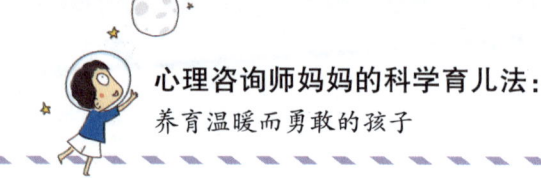

心理咨询师妈妈的科学育儿法：
养育温暖而勇敢的孩子

步骤大家可以这样做：

步骤一：先用word做出表格，打印出来；

步骤二：在表格里贴上你家孩子发生过的不良情绪漫画图，并且加上对应数字，比如"懒惰虫"旁边记上数字"1"，"生气虫"旁边记上数字"3"……跟孩子说，"这是你脑瓜里经常跑出来的一些负面情绪坏虫子，所以当你感觉情绪不好时，可以来到"情绪对照表"前，看看到底是哪条坏虫子在捣乱；

步骤三：贴在或放在孩子经常能看到的地方。

学龄前后的孩子认字不多，鉴于孩子以具体形象思维为主，建议父母采用我的漫画小虫子小图。当然，父母也可以自己画。这种做法，不仅方便孩子对照，也能做到有针对性地帮助孩子标记和管理自己常常发生的负面情绪。

这张"情绪对照表"在我们家非常实用，它被我们贴在墙上，高度是女儿果果刚好踮起脚尖能触及、儿子瓜瓜能平视的高度，两个孩子都能看到。

有一次，两个孩子跟随我到超市买东西，他们各自挑选了一根棒棒糖。回到家后，瓜瓜拆开了棒棒糖，黄褐色的小熊造型，非常可爱；而果果在哥哥的帮助下，也迫不及待地打开她那根棒棒糖的包装纸。但打开包装纸那一刻，她非常失望，因为她那根棒棒糖虽然是粉色的，但只是一个简单的正方形。她委屈地拿自己的那根要跟哥哥换。哥哥以"已经舔过"为由拒绝，果果便不干了，她生气地哭闹，还把手上的棒棒糖丢在地上。

第四章
好脾气，孩子受益终生的礼物

瓜瓜皱了皱眉头，一副小大人的模样跟他妹妹说："妹妹，你想知道你现在什么表情吗？"他把果果牵到"情绪对照表"前面，给她指了指生气的表情，然后"咚咚咚"跑进房间，拿了一面小镜子出来给他妹妹照："你看，你这个样子好凶呀！小心以后没有小男生喜欢你。"

果果静静地端详"情绪对照表"里面的生气虫，似乎也看到了正在生气的自己，她已经在开始标记情绪。"你知道小男生喜欢什么样的小女生吗？这种！"瓜瓜指了指"快乐虫"，"小男生喜欢爱笑的小女生，小女生也喜欢爱笑的小男生，就像我一样！"……一旁的我笑得泪奔，果果也哈哈大笑起来，生气情绪消失得无影无踪了。

"情绪自省日记"，孩子好情绪背后的足迹。

我自己给孩子们做了一个"情绪自省日记"，这是一个适合低龄孩子使用和自省的小表格。

其实这份"情绪自省日记"只是一张A4纸，上面是一个只有两列的表格，一列是"标注情绪"，从"情绪对照表"里坏虫子旁边找到对应的数字填在这里，第二列是不良情绪的原因。在原因那列，我不要求孩子写文字，大多数学龄前后的孩子都不怎么懂写字，但他们却毫不例外地会画画和涂鸦。

儿子瓜瓜从三岁多开始，就在我的帮助下记录他的"情绪自省日记"。事实证明，"情绪自省日记"很棒，不仅容易让瓜瓜自省情绪，他管理情绪的能力也越

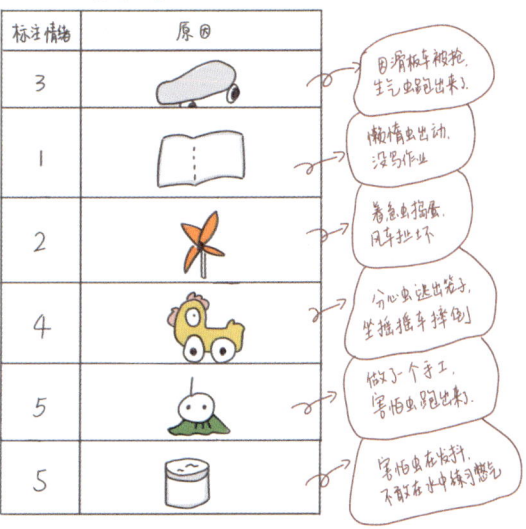

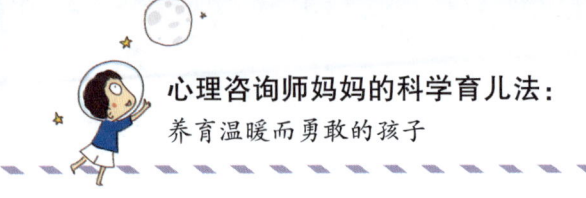

来越好了。

有一次，他独自一人踩着他的滑板车在小区内的小球场玩，玩耍的时候遇到一个比他大的孩子，要求玩他的滑板车。他答应了，但规定了游戏规则——两个人轮流滑。没想到对方滑了很久，也完全没有让他滑的意思，他委屈地哭了起来。后来那个小男孩的奶奶批评自己孙子耍赖，硬是把滑板车抢了过来，归还给瓜瓜。

当天晚上，瓜瓜在他的"情绪自省日记"中"标注情绪"那一列写了一个数字3，代表"生气虫"，是"情绪对照表"中代表"生气虫"的数字，然后他在"原因"那个表格中，涂抹了一辆他不说我便看不懂的"滑板车"。大人看不懂涂鸦没关系，因为孩子懂，重点是孩子已经在标记情绪，当孩子懂得标记情绪，意味着他的情绪管理也在慢慢进步。瓜瓜在涂抹完之后告诉我："妈妈，其实下次我可以直接告诉他奶奶，而不是站在那里哭！"

情绪管理"三工具"，是孩子好情绪的"魔术棒"，希望你和孩子都能获益！

4. 一场"没有滑轮"的滑轮舞

几年前，一次偶然的机会，我观看了一场小朋友的表演晚会。

一位将要表演滑轮舞蹈的小女孩在上台时不小心摔倒了，脚上的滑轮坏了。小女孩看到摔坏的滑轮大吃一惊，嘴唇紧闭，所有人都以为小女孩要大哭。因为滑轮坏了，意味着她不能上台比赛了。

但是当小女孩听到袅袅的音乐响起时，她甜甜地笑了一下，似乎给自己打气。她迅速脱掉了脚上的滑轮，只穿着袜子上场，她尽量把自己沉浸在音乐中，她努力地想象自己脚上穿着滑轮鞋子……

有人被她的精神感动，现场开始有人鼓掌。大概是受到了鼓舞，小女

第四章 好脾气，孩子受益终生的礼物

孩跳得越来越好，她脚上的袜子似乎变成了生风的滑轮，柔美的小身躯在风里飞舞，她完全沉醉其中……没多久，掌声络绎不绝。

最后，小女孩获得了一等奖，这是一场"没有滑轮"的滑轮舞！

女校长在给孩子颁奖时说了一句话："在困难时懂得笑，这是你一辈子的礼物！"

在困难时懂得笑，在负面情绪肆虐时懂得情绪管理，是孩子一辈子的礼物。孩子从小懂得"坏虫子情绪管理"，不仅有助于理智脑发育成熟，养成良好的思维定式；当他们哪天长大后，每当出现不良的情绪和负面行为"C"，也便拥有了一份分析自我"B"的习惯，而不容易被负面情绪"牵着鼻子走"。

这份一辈子的礼物，会让孩子们受益一生。

在困难时懂得笑，
这是一辈子的礼物

第五章
小孩，也能玩好"孩子圈"

"五条坏虫子"可以为孩子建立良好的人际关系打下基础。

孩子幼年时期有人际脚本，会影响未来的人际幸福。

孩子人际能力的关键，不仅需要培养同理心，还需要在人际中不害怕说"不"、勇敢担当。

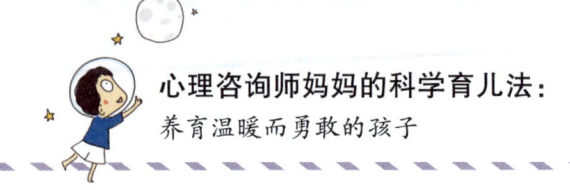

心理咨询师妈妈的科学育儿法：
养育温暖而勇敢的孩子

有一个寓言故事，说神不相信人间有真正的友谊，他决定考验一对友谊深厚的年轻人。

这一天，两位年轻人来到沙漠探险，没想到途中迷路，在极度口渴中找不到水源，也找不到迅速逃离沙漠的出路。正当这对朋友绝望万分时，神出现了，他告诉两位年轻人："前方有一颗苹果树，树上只有两个苹果。吃掉大的苹果能免于死亡，还能走出沙漠；如果吃了小的，只能短暂延迟生命，最后还会痛苦死去。"两位年轻人来到苹果树前，没人愿意牺牲对方成全自己。他们久久地凝视着自己的好朋友，最后睡着了。第二天，一人醒来时，发现自己的好朋友不见了，并且树上只剩下一个干瘦的小苹果。他异常震惊和失望，愤怒地吃下那个小苹果往前走，不知自己什么时候便要痛苦地死去。没多久，他突然看见前方自己的朋友已倒在地上，手上握着的，是一颗更小的苹果。

这是一个悲伤的故事，但也说明了一个真理——好的人际关系，能让人得到世上最美好的东西。

孩子是水下一条"鱼"

有些家长经常以为，把孩子培养成像陈景润那样独立优秀的科学家，就可以不用人际关系了。这其实是错误的心态，因为人是社会动物，人际关系无时不在。

在社会心理学的研究中，有一幅来自社会心理学家Richard E. Nisbett的《水下场景图》：

研究者通过观察亚洲人和西方人看这幅图的不同的反应对比，发现亚洲人看这幅《水下场景图》时，第一眼看到的是鱼和环境的关系，而西方

第五章
小孩，也能玩好"孩子圈"

人第一眼看到的是大鱼。其实人际，无论对地球上哪个地方的人都有重要意义，只不过西方人在重视人际的同时更重视自我成长，而亚洲人重视自我成长的同时更重视的是人与人之间的关系，人的自我成长和人生幸福离不开人际，人际是我们生活不可或缺的一部分。

对于孩子们来说，也是如此。孩子是水下的一条"鱼"，不仅需要跟其他小鱼戏耍，也需要水草带来青绿和水流的摇曳，这样的小鱼会更快乐。

1. 什么孩子，笑容会更多

某天，瓜瓜和他的好朋友在房间玩打针的"过家家"游戏。
两娃玩着玩着，瓜瓜突然说："我们长大以后还能玩打针吗？"
"当然能，我们以后还是好朋友啊！"

有玩伴一起玩耍的孩子，会成长得更快乐。对此，美国心理学家H.C.Foot有专门的发现。H.C.Foot和同事安排了一些孩子和他们的玩伴到实验室看卡通片。这些孩子有被安排与熟悉的玩伴一起看，也有被安排与陌生孩子一起看。从观察结果来看，跟熟悉的玩伴在一起，孩子出现的笑容更多、语言和目光的交流也会更多。所以跟朋友在一起，孩子会更快乐。

玩"打针"游戏

143

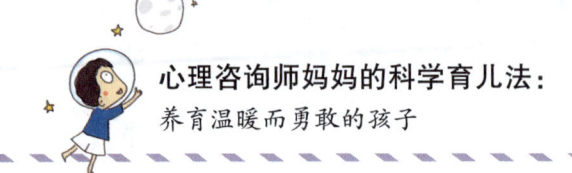

心理咨询师妈妈的科学育儿法：
养育温暖而勇敢的孩子

为什么会这样？

从儿童的社会游戏发展来说，孩子们三四岁前大多数是独自游戏，合作游戏几乎为零。而到孩子们四五岁后，合作游戏开始发展，并且趋向于占据越来越重要的表现，慢慢地会变成孩子们游戏的主要表现——跟别人一起玩，而不是自己玩。我们作为父母也不难发现，孩子们六岁后便有寻找玩伴的需求，他们开始跟父母玩耍的时间会减少，而不是像更小的时候，只愿跟爸爸妈妈爷爷奶奶或家里的手足玩。儿童心理学家Albert Ellis也说，四五岁以上的孩子，他们从以往的跟小朋友平行游戏的关系，转变为协同的游戏关系，孩子们对玩伴的需求开始了。

当孩子们一起玩耍他们共同喜爱的玩具和游戏，慢慢地他们就拥有了共同的话题和兴趣，相互感觉亲近，这便是孩子们友谊的萌芽。熟悉的玩伴经常一起玩，正因为熟悉，他们不会像跟陌生孩子那样拘束，他们会更放松，更享受跟小朋友在一起的时光，想笑便笑，想哭就哭，有快乐了就跟玩伴分享，难过了会直接说出来，有助于孩子心理健康成长。

鱼不能离水，雁不能离群，孩子不能没有玩伴。即使是那些独生的小孩，也需要经常外出跟小朋友玩耍、去上学跟人交流。因为玩伴是孩子人际成长的一个重要的"土壤"，没有玩伴，孩子缺少跟人互动的经验，社交能力发展会受阻，还容易带来孤单、抑郁、焦虑等心理障碍，不利于孩子的成长、学习和未来的生活。

美国孩子有home study，即在家上学的方式，孩子可以选择不到学校上课，但学校会要求这些孩子每周至少有两小时的时间回到学校跟同学互动，甚至只到社区找玩伴也行，反正孩子不能离"群"。

除此之外，手足也是"伴"，有手足一起长大，是孩子们最珍贵的"礼物"。

几年前，我到医院看望一位朋友的儿子，小男孩在小区爬围墙摔了下去爬不起来，被家人送到医院，医生说只是摔断了左腿。小女儿由妈妈领着进病房看哥哥，看到哥哥的左腿上缠着纱布吊在床上，小女孩开始

大哭，最后哭得上气不接下气。小女孩的妈妈问她怎么回事，小女孩说："哥哥断了腿一定很疼，所以我便哭了。"

我说："觉得哥哥疼，就给哥哥唱歌吧，哥哥听了歌会好得快一些！"小女还看了看哥哥，擦掉眼泪，病房便响起了清脆的歌声："马来了，马来了，马儿会跑，马儿也会跳……"小哥哥前几秒还在咿咿呀呀地喊疼，这会儿已经在傻笑了。

美国蒙特克莱尔大学家庭与子女研究所教授强纳森·卡斯皮（Jonathan Caspi）经过研究发现，兄弟姊妹关系良好的家庭，孩子们不仅能获得更多的快乐，未来在社会的人际关系也比较好。手足一起成长，玩耍时一起玩，吃饭时或许还斗斗嘴，睡觉时玩玩手影游戏唱唱歌……这些经历，会成为孩子将来最美好的回忆，还能帮助孩子提前学习人际交往。

如此看来，孩子们小时候的"小"人际很重要，不仅会影响他们当下的成长，还会给孩子的未来带来深远的影响。

2. 幸福孩子，不当"鲁滨逊"

《鲁滨逊漂流记》故事的原型，其实是一位人际关系差、脾气非常古怪的英国海员，名字叫赛尔柯克。他因为在一次航海中与船长争吵而滞留荒岛，一个人生活了四年，后来回家后脾气更古怪了，不仅不愿跟人接触，九年后还死在了自己亲手挖的地洞里。所以，孩子想要过幸福的人生，不要当孤僻的"鲁滨逊"。

1938年，美国哈佛大学历时75年，长期跟踪724个孩子（一开始是哈佛的学生，后来加上了波士顿贫民区的一群孩子），希望为"什么样的人生

心理咨询师妈妈的科学育儿法：

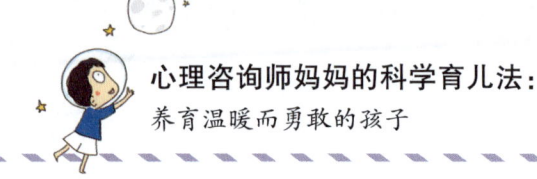

养育温暖而勇敢的孩子

"最幸福"寻找答案。在2015年，这个项目的负责人Robert Waldinger最终公布了他们研究的结论——好的人际关系，即与家人亲近、有好朋友好邻居，会让人过得更幸福。

毫无疑问，马克·吐温先生绝对是幸福人际的典型。马克·吐温交友广泛，美国政治家布克·华盛顿、物理学家尼古拉·特斯拉、知名作家海伦·凯勒、金融家亨利·罗杰斯……当时很多美国名人都是他的好友。海伦·凯勒甚至这样评价他："我喜欢马克·吐温——谁会不喜欢他呢？即使是神，亦会钟爱他，赋予其智慧，并于其心灵里绘画出一道爱与信仰的彩虹。"除了朋友，马克·吐温婚姻幸福，与妻子一见钟情，幸福婚姻维持了34年，直至妻子去世。

所以，"人际"等于"幸福"，有了良好的人际关系，人才能获得幸福充盈的生活，否则可能便是痛苦和孤独。

良好人际，会成为孩子未来的"幸运星"。

快乐生活离不开维持生计的工作，有研究表明，一半的人找工作都是靠人际关系。美国知名社会学家马克·格兰诺维特（Mark Granovetter）经过研究发现，54%的人是通过个人关系找到工作的，直接通过招聘广告投简历获得工作的比例不到一半。

知名丹麦童话故事作家安徒生也是受益于人际关系的。安徒生从小家境贫穷，当过裁缝学徒，梦想当歌唱家却被剧院冷落至差点饿死。在荷兰皇家剧院的主管乔纳森·柯林的帮助下，国王弗雷德里克六世资助安徒生到斯莱格思的文法学校深造……后来，安徒生发表了很多作品，并成为享誉欧洲的儿童文学作家。

除此之外，经典条件反射的心理学家巴甫洛夫也是人际的受益者。巴甫洛夫博士毕业后，得到著名临床医师波特金教授的帮助到医院主持生理实验工作。后来曾经因为实验资金缺乏，一度带着助理去偷狗，却得到列宁先生提供资金资助，最后还获得了诺贝尔奖。

所以，良好的人际，是一个人事业的"幸运星"。除此之外，良好人际还

第五章

小孩，也能玩好"孩子圈"

有可能会影响一个人的寿命。

我有两位远房的老姑母，她们两人是双胞胎。在她们60岁生日时，身体非常好，两人还经常结伴到公园骑车。没多久，老妹妹的老伴突然去世，儿女工作很繁忙也很少回家，老妹妹成了"空巢老人"，62岁生日前便去世，而她的双胞胎姐姐在家里照顾孙子玄孙，一直活到了82岁。

2010年，美国心理学教授Julianne Holt Lunsta研究发现，人际关系好的老人，长寿概率会比人际关系差的老人提高50%。良好的人际关系，能给老人带来乐观和希望，也容易给他们带来生命的意义和价值。

所以，想让孩子未来幸福，从小别当"鲁滨逊"。

孩子的人际"脚本"

孩子们幼年时期的养育和人际细节，可能会决定孩子一生的人际关系状况。下面是一些常识性的科学研究，能给父母们提供一些宝贵的参考。

1. 小女孩缘何成"遥控机器人"

有一位妈妈曾经跟我分享过她家两个孩子的故事。

某天，妈妈带两个孩子到玩具店，妈妈让孩子们选择喜欢的玩具。弟弟马上冲到一台电动机器人面前，跟妈妈说我喜欢这个。这时销售员说，买了电动机器人可以送一个芭比娃娃，非常优惠。这时妈妈问姐姐芭比娃娃是否喜欢。姐姐说听妈妈的。回家的路上，弟弟很兴奋，一直玩电动机器人，而姐姐却一副闷闷不乐的样子。

147

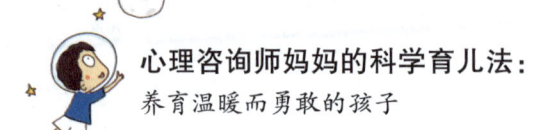

心理咨询师妈妈的科学育儿法：
养育温暖而勇敢的孩子

经过再三追问，姐姐委屈地说："妈妈，你爱弟弟不爱我……"妈妈愕然。

姐姐说："我其实不喜欢芭比，我喜欢玩具店里那个穿红色裙子的布偶。"

"你为什么不说呢？"

"我以为妈妈能发现。"

"你以为你是'遥控机器人'吗？你要有自己的想法呀……"

小姐姐不吭声。

这种"被动型"孩子，是如何培养出来的呢？

有一个小婴儿，每次"哇哇"啼哭时，他的妈妈总会来到他身边，先检查他是否拉粑粑或是否需要换纸尿裤，然后愉快地陪他说话，或者用玩具安抚他。发现宝宝没停止啼哭时，妈妈便尝试用手指碰触宝宝的嘴唇，如果发生觅食反应，妈妈便给宝宝哺乳。妈妈一点也不担心宝宝吸食过量，因为健康的婴儿会在感觉吃饱时把乳头从嘴巴里吐出来。这便是按需喂养。

还有一位小婴儿，每次"哇哇"啼哭时，他的妈妈会看一看墙上的时钟，发现差不多到喂奶的时间点，妈妈便抱起宝宝哺乳；如果发现时间还早，妈妈便尝试用玩具吸引宝宝的注意力，好让宝宝变得愉快。这便是按时喂养。

后一种常常会带来一些问题，因为这跟"标准养育"相差无几。想想孤儿院的标准喂食，按时按量，机械运作显得有些冷酷无情。按时喂养，也不能很好地跟宝宝发育的营养需求同步。除此之外，不同的宝宝，他们的喝奶量是不相同的，有些宝宝会吸食频繁一些，有些宝宝会稀疏一些，一刀切的按时喂养可能会阻碍了宝宝的身体发育。

更严重的，按时喂养还可能会养成孩子未来"被动型"的人际关系。

美国心理学家约翰·多尔德（John Dollard）经过研究发现，婴儿期不

同的喂养方式会影响婴儿未来的人际态度。宝宝如果是被按需喂养的，容易养成"主动型"的人际态度；如果宝宝是被按时喂养的，容易养成"被动型"的人际态度。为什么会这样？

如果宝宝一哭，妈妈马上哺乳，便强化了宝宝的行为，宝宝也学会了主动要求，每当饥饿时便主动啼哭；如果宝宝啼哭时，妈妈完全不理会，那么宝宝便学会了被动等待。从结果看来，宝宝少哭了，其实这不是好事，因为前者长大后，可能会主动与人交往，而后者却会避免主动与人交往，他们未来的人际交往是两种不同的方式。主动和积极，往往能给孩子带来更多的幸运和机会。

宝宝一生下来就是环境的主动探索者，他们通过对客体的操作，积极地建构新知识。但是，爸妈别用错误的喂养，从小便把宝宝这种"主动"消磨掉了！

2. 跟爸爸共浴别尴尬

曾经有一位读者爸爸跟我说，他的妻子经常加班，有时太晚了，他便给三岁的女儿洗澡。夫妻俩的做法立即遭到姥姥的反对，姥姥愤怒地训斥他们"不可理喻"，还说这种做法会让女孩子以后"很开放"。

事实上，姥姥的说法是没有根据的。大部分慈爱的爸爸只是在照顾孩子，性别偏见导致姥姥戴上有色眼镜看待女婿的行为。但是，爸爸能否给女宝宝洗澡的做法，在女儿四五岁前是可以的，四五岁后就要鼓励女娃们独立洗澡，因为培养孩子的生活自理能力也很重要，并且孩子一般在这个年龄已

心理咨询师妈妈的科学育儿法：

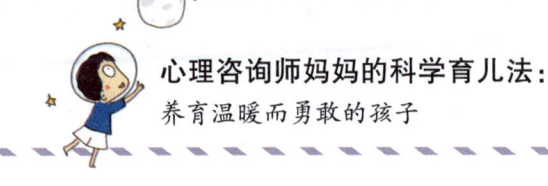

养育温暖而勇敢的孩子

经懂得了男女有别。

除此之外，从小跟爸爸共浴的孩子，未来人际矛盾会减少。英国心理学家霍华德·斯蒂尔（Howard Steele）曾经长期跟踪调查过当地100个婴幼儿家庭，并且在孩子们14岁时进行问卷调查。调查结果发现，那些在孩子的婴幼儿期，爸爸经常与孩子亲子共浴的，他们的孩子与同伴的矛盾会大大减少。尤其是那些爸爸每周与孩子亲子共浴3~4次的家庭，孩子与玩伴的人际矛盾，比没有亲子共浴的孩子减少27%。婴幼儿期经常与爸爸亲子共浴的孩子，他们人际关系的适应能力更强。有可能是亲子共浴促进了亲子间的情感交流，帮助孩子学会如何更好地与人相处，又或者孩子在亲子共浴时，从爸爸身上学会了更多的理性行为和理智思考的习惯。

有一次，瓜瓜从幼儿园回来，他说："妈妈，今天有小朋友说我是'丑八怪'，因为我的耳朵大大的。"

"那你怎么回答？"

"我说'谢谢，说人家大耳朵的往往有小耳朵'，然后他觉得不好玩就跑了。"

我笑了，他接着说："是我跟爸爸洗澡时，爸爸教我的，他说有时小朋友骂人是为了好玩……"

然而，亲子共浴的做法，我们身边大部分的爸爸妈妈是相当抗拒的。倘若让妈妈与女儿共浴，或者爸爸与儿子共浴，一些家庭还是可以勉强接受的，但如果让妈妈与儿子共浴，或者爸爸与女儿共浴，几乎难以做到，这其实跟我们的文化有关。那么在这方面，爸爸妈妈可以换成帮幼龄孩子洗澡的方式。比如，爸爸帮宝宝洗澡。

3. 孩子跟空气"交谈"

有一位妈妈曾经非常紧张地给我这样留言：

晚上，我四岁的女儿自己一个人在房间里玩耍，她自言自语地说着话，说着说着还哈哈大笑。我被她的快乐感染了，进房间问她玩什么。没想到她把手指放嘴边"嘘"了一下，说："妈妈，别那么大声，小豆丁很害羞的……"我吓了一跳，原来女儿一直在跟一位叫"小豆丁"的孩子在玩过家家，但事实上房间里除了女儿，没有任何人！

她和丈夫担心了一个晚上，问我"孩子是不是有什么心理异常"。这种情况虽然看起来很怪异，但实际上我时不时也会收到其他爸妈类似的留言，很多父母因为不了解而紧张或轻易地跟迷信挂上钩。这其实是孩子们的"幻想伙伴"现象！

美国心理学家Lawrence Kutner认为，65%的孩子在他们成长的某个时刻会拥有一位幻想伙伴，高峰期是在儿童两岁半到三岁半之间，有些孩子甚至会拥有两个以上的幻想伙伴。儿童心理学家让·皮亚杰也说，"幻想伙伴"是孩子正常认知发展的一部分现象，当孩子成长到7~12岁的具体运算阶段，"幻想伙伴"现象便慢慢消失。但不少学者发现，某些孩子即使成长到初中高中的阶段还偶尔存在"幻想伙伴"现象，但这些孩子只是因为大人或同龄人的压力而不敢透露。

"幻想伙伴"在不同的孩子身上，可能以不同的"形式"存在：

有些孩子分不清幻想与现实，他们会真切地告诉父母，他们身边有那样的一个"小伙伴"；

心理咨询师妈妈的科学育儿法：
养育温暖而勇敢的孩子

有些孩子知道他的小伙伴是虚幻的，但他们乐在其中；

也有些孩子把自己的玩具熊或小布偶当成小玩伴……

幻想伙伴是孩子未来形成真实伙伴关系的催化剂，发展心理学家玛乔丽·泰勒（Marjorie Taylor）对此有更直接的看法，那些经历"幻想伙伴"现象的孩子，他们未来有更好的人际交往能力。幻想伙伴，其实是孩子对外人际的"雏形"，这些孩子在跟想象中的伙伴"交流"或游戏时，正因为是自己想象出来的，不仅能换位思考，也能做到想人之所想，实现良好的"人际演练"。

4. 妈妈，我娶媳妇帮你做家务

瓜瓜三四岁时，有一天我在客厅拖地。瓜瓜在一旁看，他突然说话："妈妈，我的好朋友说娶个媳妇就可以做家务，我明天就娶一个回家帮你啊！"

我忍不住笑起来："你以为娶媳妇就像买玩具呀？"

他仍旧一本正经地问："那怎么办呀？妈妈做家务那么累。"

我说："跟妈妈一起做家务，妈妈就会不觉得累了，并且会做家务的小朋友谁都喜欢。"

"好！"他立即拿起抹布，开始认真地擦地板……

美国明尼苏达大学马蒂·罗斯曼（Marty Rossman）教授与同事对84位孩子进行长期研究，直到这些孩子20多岁时进行访谈，结果发现，如果一个孩子从学龄前3~4岁开始做家务的话，他们未来会比同龄人拥有更融洽的人

152

际关系。为什么？背后便是同理心在起作用。爸妈做家务很累很辛苦，当孩子在年幼时已经体验到父母做家务的辛苦，他们便会在家务劳动上表现出更勤劳，也能更容易理解爸妈的不容易，继而会给他们获得良好的同理心和共情力，未来这种能力也会帮助他们获得更多良好的人际关系。

在小朋友做家务方面，我常常给父母们的建议是，别跟孩子说"帮爸爸/妈妈忙"，而是说"你今天的任务是……"，这种说法，除了培养孩子良好的责任感，还会给孩子带来信心，因为孩子这时已经不是一个"配角"，而是一个"主角"，他们会更积极而专注地投入家务劳动中。

5. 手机时代，孩子会得一种"病"

公园里，一位妈妈在刷手机，一旁玩沙子的小男孩突然大喊："妈妈，快来，这里有两只小蚂蚁在打架！"

妈妈不理睬，沉浸在刷手机中。

"妈妈，快来！"妈妈仍旧不理睬。

小男孩往沙池里抓起一把沙子，往妈妈头上撒去。

妈妈终于理睬了，她愤怒地冲到小男孩身旁，抓起孩子的小手狠狠拍打了一下："让你捣蛋！这么没礼貌！为了惩罚你，以后都不带你来公园玩了！"

小男孩"哇"地一声大哭："不要……"

孩子这种类似的捣蛋行为，在爱刷手机的家长身旁很常见，只不过是不同的孩子采用了不同的方式。有些孩子或许会不停地吵，吵到爸妈放下手机为止；有些孩子或许会直接爬到爸妈的膝盖上，跟爸妈抢手机；当然，也有个别有个性的孩子会采取"你不理我，我也不理你"的行为表现。

为什么会这样？爸妈爱玩手机，给孩子造成了不良的影响。"手机时

心理咨询师妈妈的科学育儿法：
养育温暖而勇敢的孩子

代"，孩子会得一种"病"，这种"病"叫孤独。

2017年，纽约社会研究新学院依附研究中心主任米里林·斯蒂尔（Miriam Steele）与团队经过研究发现，手机时代的宝宝，四成以上没有与父母建立安全的依附关系，未来这些宝宝会在人际关系中缺乏安全感。下面这种人际表现，大家一定不陌生：

一位女孩子看到一位男孩子从外表看起来"似乎"有安全感，便会轻易托付，即使遭遇家暴，也不会轻易放手。当她真正遇到一个有责任感的人，却因为从没有安全感的真实感受而错过……

为什么有爱刷手机父母的宝宝，不容易跟父母建立安全的依附关系？婴儿期的宝宝，是需要通过父母温暖的拥抱、轻声说话、愉快歌唱、玩具游戏互动等方式获取安全感的，但手机时代的父母，常常会因为把注意力过多地放在手机上，而忽视了对宝宝的陪伴。有人甚至调侃说，手机时代的宝宝，更多的是被爸妈"拍"而不是被爸妈"陪"，这也说明了一些普遍存在的家庭现象。而对于宝宝来说，面对沉迷手机的爸妈，他们一开始可能会哭闹得厉害，时间长了，他们便"冷漠"了不再哭，背后是宝宝们安全感的缺失。从小没能发展好安全感的宝宝，长大也会缺乏安全感。

我以前认识两个女孩，A女孩和B女孩，她们两人是好朋友和同事。有一天晚上，B女孩给A女孩发了一条信息："睡了没，在干啥？"这时，B女孩再给自己男朋友打电话，发现关机。

A女孩一晚没回复，男朋友也没理她，B女孩突然联想到会不会是他们好上了？在这样的

第五章
小孩，也能玩好"孩子圈"

猜测下，B女孩不停地寻找线索佐证自己的猜测，最后越想越气，便把A女孩和男朋友的手机号删了。

当B女孩回到公司，才知道A女孩的爸爸病危临时回家了，而自己男朋友的手机被人偷了。一场想象出来的误会！

其实B女孩的父母在她两岁时就离婚了，爸爸和妈妈各自重组家庭，她成了"累赘"，她便从小跟姥姥生活。姥姥耳聋，平时除了一天三顿饭食，年幼的她几乎没跟任何人有交流。被忽视的孩子，缺乏安全感，不容易信任人，也不懂如何与人轻松地相处。手机时代的孩子，其实跟留守孩子或假留守孩子很相似，因为他们都学不会正确的人际交往的方式。

美国波士顿医疗中心行为儿科学专家珍妮·拉德斯基曾经带领团队到餐厅观察一些父母与孩子就餐的互动情形。他们发现，父母在就餐时爱频繁使用手机的，大部分的孩子会变得焦躁，并且常常通过"捣乱"等方式引起父母的关注，这会带来亲子矛盾。

父母这种行为，不仅会因为过于关注手机的信息动态而忽视孩子，除此之外，还会减少亲子互动，孩子也学不会正确的人际相处的方式。孩子们更多地，也会使用"不友好"的方式对待父母，比如故意使坏或大吵大闹。

我们常见有一些孩子，他们在与玩伴玩耍时，如果被玩伴忽视，他们可能会粗暴地推对方、朝对方尖叫，又或者会抢对方玩具，甚至会生气地跟对方说："我不跟你玩了。"这很可能是这些孩子被父母长期忽视导致的行为结果。他们因为经常被父母忽视，没能从父母身上学会正确的人际相处的方式，并且这种负面的人际模式，也会影响孩子成年后的人际模式，不懂与身边的人如何更好地相处。

一个孩子的成长，需要爸妈的爱和关注，就像小种子需要阳光一样。缺乏爱和关注，会在孩子心里投下阴影，就像没有阳光的小种子会"生病"一样。

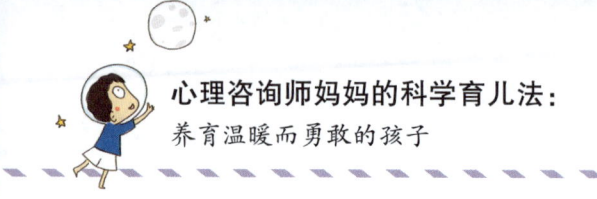

6. 玩伴——"香气包"和"臭气包"

有一次，瓜瓜从衣柜里拿出两个香包，一个味道香喷喷的，带着花香；另一个却臭烘烘的，带着樟脑丸的味道。瓜瓜说前一个叫"香气包"，后一个叫"臭气包"。我们还发现，跟"香气包"放一起的衣服香喷喷的，跟"臭气包"放一起的衣服却带着浓浓的樟脑丸味道。

孩子们的玩伴，何尝没有"香气包"和"臭气包"效应呢？

知名发展心理学家朱迪丝·里奇·哈里斯（J. R. Harris）认为，一个孩子的人格特质的影响，40%～50%来自于同伴的影响，所以孩子的玩伴很重要。当然，我们不能因为某个孩子有不良行为而说那个孩子是坏孩子，我们只是从同伴效应的角度考虑这个问题，这也是无数父母关心的重点——一个孩子会从他的玩伴身上学到什么好习惯，沾染了什么坏习惯？

成为朋友的两个孩子，他们会经常一起玩、一起做游戏、一起学习，他们的生活细节和行为爱好会相互模仿和感染，不好的和好的都学会了。

既然孩子的玩伴和人际关系那么重要，哪些孩子更容易和谁成为朋友呢？

在同一生活圈或同一个学校的孩子，例如，居住在同一个小区的孩子，或者同一个学校同一个班级的孩子，如果生活圈和学习圈重合的，那就更有可能成为朋友，所以，这也常常成为父母们纠结该不该为孩子择校的一个重要的参考依据。因为孩子跟谁玩、跟谁一起长大可不是小事，这些幼年期的人际，对孩子成年后的人际影响深远。因为一个成年人的人

第五章
小孩，也能玩好"孩子圈"

际关系，除了父母、同事、朋友，还有同学。从这个角度考虑，"孟母三迁"的孟母可有先见之明。

心理学家David Buss经过大范围的统计也得出相似的结论——成为朋友甚至夫妻的范围，一般不会超出半径八公里的圈子。人与人之间的关系，往往是从身边经常接触的人开始的，孩子们也不例外。

有一位妈妈跟我说，她家的小男孩不爱阅读，妈妈花了很多时间，也没能培养孩子每天阅读的习惯。但有时买了新绘本，孩子会有带绘本外出"得瑟"的需求。我建议妈妈可以经常给孩子买绘本，但要求是孩子每次外出都要带书，非常奇妙地，孩子没多久便爱上了看书。因为小男孩带书外出时，总被其他小朋友争抢着看，这可刺激了他的看书欲望。小男孩每次都说："你们都可以跟我一起看，但书是我的，必须由我来翻！"

几年前，一位读者妈妈跟我说，她上小学的儿子不爱写作业，每天放学便是看电视，她都要愁坏了。我给了她一个建议后，她召集了几个爱学习的邻家孩子，每天放学后几个孩子聚一起写作业，写完作业后几个孩子一起玩耍。小男孩看到其他小朋友很认真，自己也变得认真起来。这个方式非常有效地帮孩子改掉了放学后不写作业的坏习惯。

这其实是"香气包"效应。美国社会学家詹姆斯·科尔曼（James Coleman）在知名的《科尔曼报告》中指出，如果孩子跟一个有良好家庭教育理念，或拥有优秀的行为习惯、良好的生活态度和学习方法的孩子是好朋友，那么这个孩子会受到更多正面而积极的影响，科尔曼把它叫积极的"同伴效应"。如果一个不爱分享的孩子有个爱分享的同伴，一个不爱弹琴的孩子有个爱弹琴的同伴……毫无疑问会影响着这个孩子的行为爱好。

一个小男孩，一次跟一群孩子玩耍时，跟随别人溜进邻居的小院子，把人家一盆金灿灿的盆栽橘子全部摘光了。后来邻居上门告状，爸爸妈妈

心理咨询师妈妈的科学育儿法：
养育温暖而勇敢的孩子

苦口婆心教育孩子不能偷东西，孩子被训话时也听得眼泪汪汪，并承诺"再也不做坏事"。没想到才过了几天，小男孩又跟那群孩子翻进另一家邻居的院子，把人家种的玫瑰花全摘光了。回到家后，孩子在爸妈面前受训时仍旧眼泪汪汪，但下一次错误照犯……

孩子的妈妈连续一周每天给我留言求助，她说孩子以前是个好孩子，不知怎么回事突然变了。这其实是"臭气包"效应。我说，孩子被不良行为的同伴影响了，让孩子远离他的那些同伴是最直接的方法。后来这位妈妈经过考虑最终搬家了，她的孩子再也没有出现偷窃的行为。

正如我在前面第二章所提到的，孩子的大脑是"大妈吵架机制"，谁的声音大谁说了算。当孩子跟同伴在一起时，"群体认同感模块"的声音最大，所以孩子跟随和模仿同伴的行为；当孩子在家长面前接受训话时，是"关爱亲属模块"在起作用，孩子便在父母面前听得很认真、接受训话也很真诚。但孩子一旦回到群体中，大脑中的"群体认同感模块"又发声了。

如果孩子与不良儿童成为朋友，即使这个孩子有严格家教也会容易变坏。我们不难理解，幼儿爱模仿，比成年人更热衷从众，"是不是跟我一伙的"常常也是小朋友们交友的选择，一些孩子不从众便会遭遇排挤，当孩子不幸地从众到一群"坏伙伴"，便会给孩子带来一系列的负面影响。

"孟母三迁"是中国的例子，为了让孩子在一个良好的环境成长，所以孟母不惜三次搬家。居住在美国芝加哥的一些父母也有相似的做法。据说芝加哥的Cabrini Green聚居区里，孩子们喜欢暴力斗殴，各种偷窃、爆粗口、吸烟的行为很多，稍微有条件有想法的年轻夫妻，在打算生孩子前都想办法离开。

当然，并不是所有家庭都能轻易搬家，所以我更多地是建议家长给孩子们安排一些孩子们喜欢的兴趣和活动，让孩子把时间花在别的地方，顺便交上新朋友，淡化或断绝跟不良伙伴的接触。

有一位读者爸爸说，他家的小女孩有一天和邻居家的小姐姐在房间里说"悄悄话"被他听到了。

小姐姐说："你要偷家里的钱，偷了之后放我家里，这样你爸爸就不会发现。"

他的女儿困惑地问对方："为什么要偷？我找爸爸拿就行。"

小姐姐说："所有的爸爸都是坏人，他会打得你小腿流血，我爸爸前晚就是这样……"

他的女儿露出惊恐的表情。

小姐姐又说："偷了钱就能买好吃的，也不怕被爸爸打。"他的女儿竟然答应了。

后来，这位爸爸在我的建议下调整了他女儿的玩耍时间，完全杜绝了女儿跟不良玩伴的玩耍机会，两个小女孩再也没有接触过了。

所以，孩子们的玩伴，常常像"香气包"和"臭气包"，"香气包"会给孩子带来积极的同伴效应，"臭气包"却会给孩子带来负面的同伴效应。父母们不要大意。

7. 妈妈吐脏字，孩子牛奶吐口水

美国知名花样滑冰运动员坦雅·哈丁，从三岁起，便被冷漠而严厉的母亲拉瓦娜强迫每天早上五点开始训练滑冰，尿急了不能上厕所直接撒冰场，鞋子湿了不能换继续练。妈妈不仅禁止女儿与同伴交谈，还经常对女

心理咨询师妈妈的科学育儿法：
养育温暖而勇敢的孩子

儿冷嘲热讽、各种尖刻辱骂，甚至拳打脚踢……拉瓦娜对人说，"我是没有在家给她做苹果派，但我让她成为世界冠军。温柔有个屁用，我倒是希望自己有一个像我一样的母亲……"坦雅二十多岁便获得两项滑冰金牌，也是美国第一位在比赛中完成三周半跳的运动员。但长大的坦雅在人际交往上显得"很幼稚"，比如她会往仇家的牛奶中吐口水，仅仅因为被人夸"漂亮"而嫁给男人，婚后屡遭家暴；最终涉嫌指使前夫袭击竞争对手而被终身禁赛。

妈妈吐脏字，孩子往别人的牛奶吐口水，预测一个孩子未来人际状况的最直接方法，是妈妈谈论自己孩子所使用的字眼。

美国北卡罗来纳心理学家米奇·普林斯汀（Mitch Prinstein）在他的书里提过一个"五分钟预测法"，研究者通过让妈妈用大约五分钟时间谈谈自己的孩子，然后研究者再根据妈妈使用的字眼，从而预测孩子未来的人际状况。研究结果发现，如果一位妈妈谈论自己的孩子时，用的词汇字眼全部是温暖的、喜悦的、充满自豪感的，那么可以预测这个孩子未来的人际交往不差；如果一位妈妈谈论孩子时充满抱怨、鄙夷或贬低方面的负面词汇和字眼，那么可以预测这个孩子未来的人际交往不会很好。

原因可想而知，第一，父母给了孩子错误的人际示范，抱怨他人、贬低他人，包括自己的孩子；第二，妈妈评价孩子采用了负面或鄙夷的字眼，也在一定程度反映了妈妈与孩子的亲子关系缺乏温暖。不良的亲子关系，会让孩子怀疑爱和真情，未来孩子也不会轻易相信他人，最终带来了孩子不良的人际交往模式。

第五章

小孩，也能玩好"孩子圈"

"坏虫子"人际方法

记得瓜瓜爸为了培养瓜瓜的天文兴趣，买了一台天文望远镜。

一天晚上，瓜瓜用他的望远镜看月亮，旁边有一位陌生的小男孩远远地站着。从他充满期待的眼神看出，他很想看一看，但是不知怎么回事，瓜瓜邀请了他几次，对方总是摇头。

回到家，瓜瓜问了我一个问题："妈妈，有没有像望远镜那样的'镜子'，能照出别人脑瓜里的想法？这样我就能知道其他小朋友想什么了……"

我对他的想法表示赞同。拥有一把探到别人脑瓜里的"超级镜子"，那么想获得好人际便轻而易举了。其实，孩子大脑里真有"镜子"。

1. 孩子大脑里的"镜子"

印度圣雄甘地有一次去坐火车，上火车时由于过于拥挤，甘地一只鞋子掉到了铁轨旁，眼看火车已开动，甘地急忙将另一只脚上的鞋子脱下，丢到第一只鞋子旁边。有人觉得奇怪，问他为什么要这么做，甘地笑着说："穷人看见时，就能得到一双鞋。"

因为有同理心，甘地受人爱戴。良好人际的关键，正是同理心。同理心，正是那把探到别人脑瓜里的"超级镜子"。

三个小朋友走在路上，他们不知道路中央有修路工人刚挖了一个深洞，工人也忘记在一旁设"障碍标"，周围也没做任何的安全提醒。其中

心理咨询师妈妈的科学育儿法：
养育温暖而勇敢的孩子

一个孩子走着走着，一脚踩空便掉进了洞里，他在洞里吓得大哭。这时一个小孩在洞外大喊："不怕，我下去陪你。"接着便跳进了洞里；而另一个孩子在路面上给他们丢了几片饼干："饿了吃饼干吧，我还要回家看电视……"

这个笑话，完美地演绎了"同理心"这个概念。"同理心"这个词的创造者、美国心理学家E. B. Titchener一开始是这样定义的：同理心源自身体上模仿他人的痛苦，从而引发相同痛苦的感受。而人本主义心理学家卡尔·罗杰斯说，同理心，就是设身处地地站在对方的立场，感人所感、想人所想。

所以，同理心是啥？就是"跟别人在一起"。

同理心其实有生理基础，即大脑的"镜子"功能；大脑的"镜子"功能，其实就是镜像神经元。20世纪90年代早期，意大利神经生理学家Giacomo Rizzolatti发现了大脑中有一种叫"镜像神经元"的神经细胞，这是理解别人的大脑基础。后来，加州大学精神病学副教授Marco Lacoboni发现了人类大脑的镜像系统。简言之，当孩子观察到别人的行为或表情时，尤其是当孩子看到别人做出跟自己曾经做过的相似的举动，"镜像神经元"就会被激活，引导大脑做出模拟他人大脑的想象，经由脑岛将信号传递至边缘系统，孩子便产生跟对方相似的感受。镜像系统越敏感的孩子，同理心越好。

下面三个常见的场景，其实是大脑的"镜子"功能在发生作用。

小婴儿看到别人哭，他也哭：

一个一岁大的小宝宝，当他看到一旁比他大的小哥哥摔倒撞伤头，泪流满面大声哭喊"妈妈"时，宝宝看着小哥哥，自己也张大嘴巴大哭

第五章

小孩，也能玩好"孩子圈"

起来……

孩子看到别人打哈欠，她也开始打：

火车上，坐在小女孩前面的一位老爷爷打了几个哈欠，小女孩也开始打哈欠。

妈妈困惑地问："不是才刚刚睡醒吗？怎么这么快又困啦？"

说着说着，妈妈自己也打起了哈欠。

孩子看到别人被扎针，他可能会下意识地缩臂：

一群小朋友被带到社区医院接受疫苗接种，当排在队伍最前面的孩子第一个勇敢地伸出手臂让医生打针时，排在他后面的那个小男孩，看到针被扎在同学手臂上的那一刻，他下意识地缩了一下自己的手臂。

类似的情景还有不少，一个孩子目睹一只狗狗被自行车压到了腿，他可能会在车轮压到狗狗腿的那瞬间缩腿；又比如一个孩子看到大人被开水烫到的那刻，也隐隐地似乎感觉自己的手臂也有疼痛感……

正因为大脑的"镜子"功能普遍存在，有人已经利用大脑的镜像神经元治疗自闭症。

一位美国爸爸如何奇迹治好了自闭症儿子：

美国有一位爸爸，名叫Barry Neil Kaufman，他的儿子Raun小时候被医生诊断为严重的自闭症。因为孩子总喜欢前后摇晃和怪叫，行为表情怪异，完全不理会他人，医生说"孩子康复无望"。

绝望的夫妻俩尝试跟儿子沟通，他们开始模仿儿子的行为、动作和表情，甚至是怪叫。非常惊喜地，孩子慢慢地开始愿意跟他们进行眼神交流，也开始了跟父母的游戏互动，孩子的变化让父母获得了信心。

日复一日、年复一年……夫妻俩坚持了下来。让医生惊讶的是，孩子最终不仅恢复了健康，最后还考上了大学，获得布朗大学生物医学伦理学学位。后来，Raun的经历还被拍成纪录性电影 *Son-Rise: A Miracle of Love*。

这对美国爸妈模仿自闭症儿子的所有行为和表情，背后其实是镜像神经元在起作用。有不少自闭症的研究说，自闭症孩子可能是因为大脑缺失

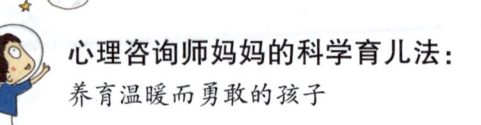

心理咨询师妈妈的科学育儿法：
养育温暖而勇敢的孩子

了镜像系统，这对父母或许刚好帮儿子把缺失的镜像系统搭建起来了，他们自己也跟自闭症儿子建立了同理心的桥梁，最终实现了沟通，儿子也得到了康复。

简言之，孩子大脑的"镜子"，实际上是同理心在发生作用。我们不难发现，缺乏同理心的孩子，与同理心满满的孩子，他们获得的人际也大不同。

两个"小恶魔"孩子：

1993年，英国一位名叫罗伯特的10岁小男孩逃课，在街上遇到了另一位小男孩乔恩。两个臭味相投的孩子决定找一些乐子。一开始，两人走进一家商场大摇大摆搞破坏，接着跑进一家麦当劳踩脏了所有椅子。这时，其中一个孩子提议可以找一个比他们小的小孩子取乐。没多久，他们把目光投向了独自在商场吃巧克力豆的两岁小男孩詹姆。他们轻易地把巧克力豆从小詹姆手上骗走，还把小詹姆骗离了商场，一路上对小詹姆拳打脚踢，毫不理会小詹姆的哭闹，最终导致小詹姆死亡。后来真相大白后，所有人都惊讶地发现，罗伯特经常被哥哥和妈妈打骂，乔恩的爸爸经常在孩子面前肆无忌惮地看暴力电影……缺乏同理心的养育环境，养育了两个极度缺乏同理心的"小恶魔"。

这是个别极端的例子，但我们也不难在日常生活中发现一些缺乏同理心的孩子。缺乏同理心的孩子，会获得怎样的人际？

记得有一次，我带着孩子走亲戚，趁晚饭未准备好，我陪几个小娃儿到小区的儿童区玩耍。没多久，一位皮肤黑黝黝的小男孩进入我的视野：

当一个扎辫子的小女孩吃着棒棒糖，一不小心把棒棒糖掉到了沙地里时，黑黝黝小男孩跑向前就往棒棒糖上踩了一脚，看到小女孩委屈地大哭，他还要拍手哈哈笑；

随后，黑黝黝小男孩跑上了滑梯，一伸手就把站在他前面一位身材娇小的小男孩推了下去，小男孩虽然没摔倒，只是快速地从滑梯溜了下去，但还是被吓得脸色发白；

没多久，黑黝黝小男孩又要去抢另一位小女孩的跳绳，在争抢中还把

第五章
小孩，也能玩好"孩子圈"

小女孩推进了草丛中……

有家长开始有意见，故意大声说"这位小弟弟，不要太粗鲁"，没大人回应。这时有人指了指旁边一位无动于衷、就像没事儿似的摘着小豆子的老人，说她是黑黝黝小男孩的奶奶。

这时有家长故意走向前跟孩子的奶奶说："这位奶奶，你看你家小男孩行为有些粗鲁，你要引导一下，如果出意外就不好了……"

话还没说完，小男孩的奶奶说："别小题大做！小孩自个玩自个的，你一个大人瞎掺和啥呀？"

我有些惊讶，听到老人的话，旁边几位家长忍不住跟她吵了起来。

没有同理心的孩子，未来得不到真正的友谊。我们在日常生活中，也不难看到这样的一些例子：

当孩子听到别人说超人奥特曼是粉红色的，他可能会说那个小朋友是笨蛋；

当孩子看到别人穿着一双自己不喜欢的小蚂蚁图案的凉鞋，他可能会说别人是丑八怪；

当孩子看到别人喝水不小心浇湿裤子哭泣，他可能会给别人起外号"爱哭鬼"；

当孩子看到别人帮老师收拾玩具和教具，他可能会说别人是"马屁精"……

没有同理心的孩子，最终会阻碍他们的人际交往。想让孩子有温暖的人际关系，父母需要重视孩子的同理心培养。

美国知名心理创伤治疗大师巴塞尔·范德考克曾经说过一个震撼人心的真实故事：

2001年9月11日，在美国曼哈顿，年仅五岁的小男孩诺姆被爸爸送到学校后，透过教室的玻璃窗，看见一架飞机撞上了世贸大楼，随后惊恐地目睹人们从大楼的窗户一个个地往下跳。真的难以想象，经历这一幕的人们，他们该如何重新生活，尤其是年仅五岁的孩子。后来诺姆的爸爸返回

心理咨询师妈妈的科学育儿法：
养育温暖而勇敢的孩子

学校，接上他和弟弟，三父子在瓦砾和浓烟滚滚的街头逃生。

第二天，小诺姆画了一幅画，在他的画中，在被飞机撞击的世贸大楼下面，他画了一张蹦床，把往下跳的人们一个个都接住了……孩子用对别人的同理心，平复了自己的痛苦。诺姆的举动，惹人怜爱。

美国华盛顿大学医学院的精神病学家斯坦利·格林斯潘说，一个孩子感知到的共情越多，同理心越好，他们就越善于社交，未来也会越幸福。

当我们内心充满同理心，也便获得了爱和幸福

画蹦床救人的孩子

我曾经给几个小朋友做了一个小测试游戏，我先给他们讲了一个小故事：

"一天下午，你撑着小雨伞走在路上，一位小男孩从旁边的小路上冲出来，把你撞倒在地，然后一言不发地离开了，你会不会生气？"

"嗯，我一定会生气。"几个小朋友同时点头。

"这时，你突然发现小男孩身后的小路窜出一条凶恶无比的大黑狗，在小男孩身后狂追，并且好几次差点咬到小男孩了，你还会不会生气？"四个小朋友同时摇头，只有一个小男孩点头，他强调说："我还是会生气。"

"为什么？"我问。

点头的小男孩说："我摔倒在地很痛啊。"

小测试游戏：有人把你撞倒，你会不会生气？

其余摇头的小朋友七嘴八舌,"我不生气,因为他被狗狗追""他不小心的""他好可怜,可能会被狗狗咬一口"……

"小男孩最后被狗狗咬了吗?"那四个小朋友很担心结局。在现实生活中,四个小朋友很友好,跟其他孩子玩得很开心;而那位一味强调"还会生气"的小男孩,恰恰是个爱欺负别人的孩子。

所以,有同理心的孩子,他们内心有一把探到别人脑瓜的"超级镜子"。他们用温暖的小小心灵,吸引了跟他们同样可爱的珍贵友谊。当他们长大后,有同理心也非常重要,例如,那些优秀的产品经理,常常可以一眼洞察到用户的需要,背后便是同理心的作用。

2. 懂得别人有几条"坏虫子"

大家还记得第二章里"二层楼房里的监狱长与五条坏虫子的战斗"故事吗?

孩子们的大脑由于发育不成熟,动物脑、情绪脑发达,理智脑发育缓慢,导致孩子大脑这一栋二层楼的房子,一楼建造坚固,二楼迟迟没封顶;大脑负责理智的"监狱长"住在二楼常常睡大觉,一楼里,住着懒惰虫、害怕虫、生气虫、着急虫和分心虫……它们有时会悄悄从笼子里逃出来,占据了大脑这栋房子。所以,年幼孩子便常常表现出懒惰、害怕、生气、着急、分心等不良情绪行为。

167

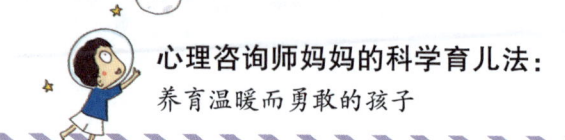

心理咨询师妈妈的科学育儿法：
养育温暖而勇敢的孩子

如果你的孩子在面对一位有不良行为的小玩伴，知道了对方表现出来的不良行为的本质原因，是因为"坏虫子"控制了他的大脑，那么你家孩子毫无疑问是一位颇具同理心的孩子。相比之下，当一个孩子在面对一些表现出不良行为的玩伴而直接指责对方"懒惰""胆小""坏脾气""猴急""三心二意的坏小孩"……毫无疑问，会给孩子与小朋友的友谊蒙上灰暗的色彩。

有一次，我带瓜瓜拜访亲戚，亲戚家有一位比瓜瓜大两三岁的小哥哥。午饭时，小哥哥因为喜欢看电视，吃饭时总是盯着电视看，导致全部人吃完后，他的饭菜还是满满的。孩子慢吞吞惹怒了他爸爸，他被勒令不准再吃饭，还被赶进房间罚站。

当小哥哥被罚站时，他的家人还在客厅数落，说他"做什么都慢吞吞，是个不让人省心的孩子……"后来吃水果时，小哥哥才被命令出来吃水果。

趁小哥哥的爸爸妈妈不在，瓜瓜悄悄地在小哥哥耳边说："小哥哥，你别难过，你没好好吃饭，是因为'分心虫'出来捣乱，每个人都有'分心虫'……把'分心虫'关起来，你就不会分心了。"

小哥哥有些惊讶，随后笑着说瓜瓜是个有趣的小弟弟。后来在我们离开时，小哥哥特意送给瓜瓜一套新玩具，说很喜欢跟瓜瓜在一起玩。

相比起惩罚和指责，孩子更希望被人在理解的基础上再教育。

美国心理学家威廉·詹姆士说："播下一个行动，收获一种习惯；播下一个习惯，收获一种性格；播下一种性格，收获一种命运。"当一个孩子知道别人有几条"坏虫子"，就收获了同理他人的习惯；播下了同理他人的习惯，就收获一种同理心性格；播下一种同理心性格，将收获一种好人际的命运。

家庭和谐小萌招1：爸爸惹妈妈不高兴了，怎么办？

暑假里，一位朋友带女儿到娘家住了一个月回家。进门后，一眼看到门口旁边的垃圾桶里满是臭袜子。这位妈妈有些不高兴了，冲丈夫抱

第五章
小孩，也能玩好"孩子圈"

怨："你怎么把袜子当一次性了？太浪费了！"小女孩瞧了瞧爸妈，笑着说："我知道了，妈妈，爸爸把袜子丢垃圾桶，是'懒惰虫'跑出来了！""的确是！他的'懒惰虫'好胖啊……"妈妈也笑了，停止了抱怨，从垃圾桶里把臭袜子捡了起来，放进了洗衣盆里。

家庭和谐小萌招2：奶奶批评爷爷了，怎么办？

瓜瓜的爷爷有高血压，但喜欢喝酒，常常被奶奶"批评"。有一次，爷爷在饭桌上趁奶奶不注意又多喝了一些，奶奶非常不高兴，把爷爷责备了一番。最后还跟瓜瓜说："爷爷是坏爷爷，瓜瓜不要学他……"这时瓜瓜说："奶奶，别生气。爷爷不是坏爷爷，是爷爷的'酒虫'跑出来捣乱了，你应该提醒爷爷把'酒虫'关起来。爷爷的'酒虫'跟我的'害怕虫'一样，一不留神就跑出来了……"全家人听完都笑了。

家庭和谐小萌招3：手足闹矛盾，怎么办？

有一次，女儿果果带了一盒小零食外出，周围几位小朋友围了过来，他们都想吃果果手里那些色彩缤纷的小零食。果果给他们每人发了一颗，唯独不发给她的亲哥哥，因为两人出门时曾经因为这盒小零食有过小矛盾。发完零食后，果果似乎对自己的慷慨很满意，她高兴地朝我跑来，没想到摔倒了。可能是摔得较重，她大声哭了起来。她的哥哥听到了，赶紧跑过去把她扶了起来："很疼吧？妹妹小傻瓜，你的'着急虫'跑出来了！"一边说还一边嘟嘴巴"吹"着妹妹膝盖红红的部位，"哥哥吹吹就不疼啦！"果果破涕而笑，从盒子里拿出小零食往哥哥嘴里塞，塞完一个又一个，最后把哥哥的嘴巴塞成了鼓鼓的"叉烧包"模样……两个小家伙笑成一团。

知道家人有几条"坏虫子"，便对家人有了同理心。正如行为学家约翰·戈特曼所言，同理心是一个家庭和谐幸福的最重要因素。可以说，知道家人有几条"坏虫子"背后的同理心，是家庭和谐的小秘诀。当一个孩子理解家人，知道家人有时表现出来的行为可能会制造家庭矛盾的行为时，孩子用"坏虫子"的同理心，不仅能对他人的行为起到提醒的作用，还能拉近家人之间的情感关系，有助于培养家庭温暖的氛围。

169

心理咨询师妈妈的科学育儿法：
养育温暖而勇敢的孩子

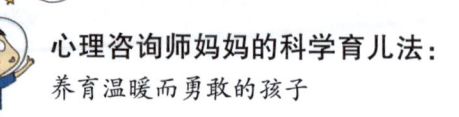

交友小趣招1：示范把"懒惰虫"关起来的方法。

有一次，瓜瓜的老师跟我说了一件趣事。瓜瓜班里有位小男孩南南总是"丢三落四"。某一天，南南把玩具、绘本丢得到处都是，连厕所也成了他的"储物地"……南南被老师提醒"要立即收拾起来"，但南南把老师的话当"耳旁风"。没多久，老师看到瓜瓜牵着南南的手到了玩具旁开始收拾。老师困惑不解："我没让瓜瓜小朋友收拾呀！"瓜瓜说："我知道！南南不想收拾，是因为'懒惰虫'跑出来了，我给他示范把'懒惰虫'关起来的方法……"老师听了哈哈大笑。

没多久，南南的妈妈告诉我，南南在家里给自己的哥哥示范把"懒惰虫"关起来的方法，让人忍俊不禁。南南的哥哥已经上小学了，晚上写作业时，妈妈赫然发现大儿子自己擅自改了名字，把"马达达"改成了"马2达"，哥哥说因为"这样笔画少一点"。爸妈觉得大儿子太懒惰，不能纵容孩子养成懒惰的习惯，正寻思如何惩罚时，弟弟跑过来，一本正经地跟哥哥说："哥哥，我给你示范如何把'懒惰虫'关起来的方法。"然后小手抓起笔，一笔一画地在哥哥作业本的名字旁写上"马达达"……

美国知名脑神经科学家约翰·梅迪纳说，最能预测孩子将来社交能力的两大因素，除了情绪调控能力，便是同理心。知道小玩伴有几条"坏虫子"，便对小玩伴有了同理心，有助于小朋友获得友谊。

交友小趣招2：什么小孩更惹人爱？

我有一位朋友，她的女儿是个好人缘小孩，即使陌生的大人也会被她萌哒哒的说话方式"俘获"。

话说有一天，她带着六岁的女儿外出。路过广场的时候，小女娃眼尖地发现了一位大姐姐坐在广场边上哭。她"咚咚咚"跑过去，关切地问："姐姐，你为什么哭呀？"女孩哭得眼睛鼻子红红的，她说："姐姐丢了一个玩具！""嗯，姐姐的'难过虫'跑出来了，我陪你难过一会儿吧。就像我的'难过虫'出来捣乱，我妈妈静静地在一旁陪我一样。"小女娃一边说着，一边坐在了大姐姐旁边。"姐姐，你不知道，我前几天也丢了

第五章
小孩，也能玩好"孩子圈"

一个玩具……"女娃开启了"话痨"模式，也说起了自己的难过经历，而她妈妈也"懂事"地坐了下来，静静地听着。大姐姐听着听着，脸上开始有了笑容，最后她跟小女娃说："你真的是一个好朋友呢，我能跟你交朋友吗？"小女娃一本正经地点头，还要找妈妈拿笔，把她的名字写给大姐姐，让人家不要忘记她这个朋友。大姐姐哈哈大笑，说她真是一个"开心果"。知道别人有几条"坏虫子"的孩子，也容易在陌生人面前获得好人缘。

知道别人有几条"坏虫子"，是坏虫子人际方法的关键，背后是对他人的同理心。给人的感觉，就像冬天的一床棉被。

3. 坏虫子，小勇气

被奶奶逼饭怎么办？

我曾经到一位亲戚家做客。晚饭时，亲戚家的小男孩吃饭有些慢，虽然慢，但孩子吃得很专注，并且细嚼慢咽还有助于消化呢。小男孩的奶奶觉得孙子吃饭太慢了，开始在一旁数落："你吃一顿相当于我吃三顿，吃太慢的娃娃，晚上会被怪兽抓走……""奶奶，你的'着急虫'跑出来啦，你这样吓我，我的'害怕虫'也不会醒过来的，它还在睡觉呢。妈妈告诉我，慢慢吃有助消化！"听完这有趣的对话，大家都笑了，奶奶也笑了，不再催促。

171

心理咨询师妈妈的科学育儿法：
养育温暖而勇敢的孩子

遭遇欺凌怎么办？

有一次，我带瓜瓜和果果在一个儿童公园的草地上玩耍时，一个胖嘟嘟的陌生小男孩跑过来了，一声不吭就抢走了果果手上的气球，还把一片荷叶盖在果果头上，哈哈大笑说果果是"小乞丐"。我在一旁静静地看着，想看看小朋友如何解决。果果嘟着嘴巴委屈地看着对方，瓜瓜原本在一旁找蚱蜢，听到动静立即冲到妹妹身边，拉掉了妹妹头上的荷叶，就像一个小大人一样，跟胖嘟嘟的小男孩说："你妈妈在哪里？我找你妈妈去，看谁有道理！"左右看了一下，发现远处有几个大人，他张嘴大喊："小孩招领啦，这是谁家的胖哥哥？"这时一位陌生阿姨走过来了，对胖嘟嘟小男孩说："怎么啦？小胖又欺负小朋友！"瓜瓜跟阿姨说了一遍事情的经过，最后还说："阿姨，我的'生气虫'提醒了我，不能打架，要讲道理，你觉得谁有道理？"陌生阿姨听完笑着说："胖哥哥从来不懂讲道理，他应该向你学习！"

被大人"逗玩"怎么办？

我有一位朋友，曾经跟我分享过她家的小女孩在某一年春节的趣事。

那一年，他们家来了很多拜年的亲戚。当大人们在聊天，小朋友在旁边吃零食玩玩具时，有一位客人笑着问她家的小女孩："小朋友，在家里，你最爱谁啊？爸爸妈妈，还是奶奶？"

一开始，妈妈对客人的问题感觉很敏感，这不是在挑拨离间吗？正当她想阻止对方说"孩子不适宜回答这样的问题"时，突然听到女儿不慌不忙说："在每天不同的时间，我最爱的人都不一样呢。"

第五章

小孩，也能玩好"孩子圈"

在家里你最爱谁？

"哦？为什么？"客人很好奇，妈妈也觉得女儿的回答有些特别，她也想知道孩子为什么要这样说。

"早上，我最爱妈妈，因为妈妈知道我起不了床是因为'懒惰虫'在捣蛋。每一次当妈妈扮演大脑监狱长，走进我的房间粗声粗气地说'谁的懒惰虫跑出来了？我要把那条懒洋洋、没能量的懒惰虫'关进来，我便一下子从睡梦中醒过来了，接着我便跟妈妈玩起了'懒惰虫和监狱长的战斗'游戏，当懒惰虫被监狱长关进笼子，便是我开始洗漱的时刻，我很喜欢这样的起床游戏！"

"中午，我最爱奶奶，因为奶奶知道我有'着急虫'，出门常常丢三落四。每次我临出门时，奶奶总会在一旁问类似'着急虫，上次练琴忘记带啥啦？'的问题，现在我的'着急虫'越来越小啦，我不仅列了出门物品清单，每次出门前还会检查一番要带的东西。"

"晚上，我最爱爸爸，因为爸爸知道我有'分心虫'。阅读绘本时常常走神，爸爸就把一条'分心虫'贴在我的书桌前，当我不小心分神时，他还编了'分心虫'歌，提醒我集中注意力。"

"我的爸爸妈妈和奶奶都是可爱的人，妈妈知道爸爸的'生气虫'比较大，每次接到不愉快的电话总会生气；爸爸知道妈妈的'分心虫'比较大，有时看书看着看着便玩起了手机；我知道奶奶的'害怕虫'比较大，

173

心理咨询师妈妈的科学育儿法：
养育温暖而勇敢的孩子

奶奶每次生病总害怕看医生……我都爱他们。"

最后，小女孩还做了一句总结："叔叔你这样问，你的脑瓜里很可能有一条'比较虫'！"孩子的妈妈差点笑出眼泪。

懂"坏虫子"的孩子，常常因为理解了他人行为背后的动机，更容易跟别人讲道理。但是，懂"坏虫子"的孩子，不仅会讲道理，还不怕道歉。

一位爸爸曾经跟我分享过他家小女孩"别具一格"的道歉，还说谢谢我，让他的女儿变得有爱心。

话说有一天，这位爸爸带女儿到菜市场买菜，路经一家菜摊时，小女孩突然指着一位浑身湿透脏兮兮的菜老板说："爸爸，他像一个流浪汉，脏兮兮的，我们不要买他的菜。"

聪明的爸爸没有批评，而是提议："要不下周末我们当一次菜老板怎么样？"女儿兴致勃勃，觉得很有趣。

新的周末到了，父女俩到批发市场买了一些菜，当起了临时菜贩。天气很热，因为要搬菜、挑菜、包扎……父女没一会儿便大汗淋漓，就像从水坑捞出来一样，口干舌燥地叫卖、招呼客人，最后才卖了不到一半。

他们把剩下的菜搬回家，当天晚上，小女孩不仅吃了很多青菜，还若有所悟地跟爸爸说："爸爸，当菜老板很辛苦，我想向那位菜老板道歉，但是我害怕……"

在爸爸的提醒下，第二天小女孩走到那位大汗淋漓的菜老板面前："伯伯，对不起，上周我跟我的爸爸说你像脏兮兮的乞丐，我知道错了，'害怕虫'也提醒我，犯错不要害怕道歉，所以我就勇敢地来到你面前，跟你说'对不起'，你会原谅我吗？"

第五章
小孩，也能玩好"孩子圈"

菜老板哈哈大笑："你的'害怕虫'真棒，我真希望我的儿子也有像你那样的'害怕虫'！"

懂"坏虫子"的孩子，常常因为理解了自己行为背后的动机，所以这些孩子不会因为一时犯错而自卑或一蹶不振，而是勇敢道歉，勇敢改正，让大脑的"监狱长"越来越尽责。

4. 什么样的孩子，更幸运

在一个动物园里，一只小鸟快乐地飞翔，冷不防撞到了黑猩猩一家的玻璃墙上，不仅撞晕了过去，还摔落在水泥地上，看起来毫无生息。

这时，几只年轻的黑猩猩爬了过去，围在小鸟周围。没多久，一只黑猩猩抬起手想拍打小鸟，最年幼的那只黑猩猩弟弟阻止了哥哥的行为。被阻止的哥哥愤怒地打了弟弟一掌。

虽然被哥哥打了一掌，他咧嘴吼叫了一下，但还是坚持了自己的行为，它小心翼翼地把小鸟抓起来，放在掌心，然后嘟起嘴巴轻轻地吹了吹，小鸟伸了伸腿，有动静了，但还没清醒过来。

黑猩猩弟弟爬到了一座高高的楼梯上，再一次嘟着嘴巴用力地把小鸟吹醒，然后抬起手臂把小鸟推了出去，小鸟扑腾了几下，往天上飞远了，黑猩猩弟弟快乐地又叫又跳。

心理咨询师妈妈的科学育儿法：
养育温暖而勇敢的孩子

围观的游客发出了欢呼声，不少游客被黑猩猩弟弟感动，纷纷朝他丢食物，所有人都喜欢这只温暖而勇敢的小黑猩猩。

我们身边那些温暖而勇敢的孩子，也有这样的特质。这些孩子理解他人，对他人有同理心，也懂得讲道理，他们不需要大吼大叫，他们从容不迫、以理服人。他们知道自己有几条"坏虫子"，也知道别人有几条"坏虫子"。

当这些孩子长大后，不仅能站在别人的角度思考问题，他们也有共赢的意识，他们会"把快乐的香水喷洒在别人身上，也没忘记往自己身上也喷洒几下"，这是良好人际的"武器"，他们终将拥有最和谐的人际关系。

第六章
温暖而勇敢的孩子

孩子如何做到理解他人，也懂得拒绝？

既不欺负弱者，也不害怕坏人？

如何才能不安逸于学习的舒适区，获得"真实"的成长？

如何获得专注的幸福心流、获得人生的价值？

心理咨询师妈妈的科学育儿法：
养育温暖而勇敢的孩子

有人曾经问我："你最想养育什么气质的孩子？"

我说："温暖而勇敢的孩子。"

孔子曰："夫昔者君子比德于玉焉，温润而泽……"

话说有一天，子贡问孔子，为什么"玉"被人重视，而跟"玉"相似的"珉"却被人轻视？是不是因为"玉"少"珉"多呢？孔子说，不是的，古来的君子，都把玉比拟为德行。不仅象征"仁""智""义"……连《诗经》也说，君子，温和得像玉一样。

在英国一条安静的街道上，有一个中年男人匆忙地坐到一辆汽车的驾驶座，正要启动汽车时，一个陌生的黄头发小男孩突然从路边跳出来，站到车辆的前方，拦着车辆让车主不要开车。中年男人觉得肯定是熊小孩捣蛋，他生气地大喊："小笨蛋，你给我滚开，否则我会从你身上开过去……"眼看汽车要启动了，小男孩仍旧张开双臂，一动不动地拦在车头前方。车主愤怒地走下车，本想教训一下小男孩，没想到小男孩对他说谢谢："谢谢你，车底下有一只受伤的白色小猫咪，谢谢你给它机会……"中年男人弯腰往车底下一看，一只白色的小猫咪，几乎一半的身躯被鲜血染红，正在车底下瑟瑟发抖。

这便是温暖而勇敢的孩子。无论男孩还是女孩，都可以做到温暖而勇敢。

温暖而勇敢的孩子，我觉得需要懂得成长"三公式"：

说话有"纹"理，不害怕+不生气+不着急，获得良好心态；

探索有勇气，不害怕+不懒惰+不着急，获得探索能力；

幸福有心流，不分心+不着急+不懒惰，获得生命的意义。

第六章
温暖而勇敢的孩子

说话有"纹"理

在一个古老寓言故事里,北风和南风打赌,看谁能让一位行人把大衣脱掉。话还未说完,北风便吹起了刺骨的寒风,还夹杂着雨雪,希望把行人的大衣吹掉,没想到行人却把大衣裹得更紧。这时南风吹起了温暖柔和的风,让人热乎乎的,没多久,行人感觉有些热,便把大衣脱掉了。

温暖而勇敢的孩子,说话不需要像刺骨的寒风,他可以像温暖柔和的南风,有自己的想法和坚持,却能做到有话好好说,清清楚楚地说。

1. 小孩子也有追求

有一个年轻人,曾经神色黯然地跟我说起了自己小时候的故事:

当年他五六岁,跟爸妈和妹妹到外地旅游。行程即将结束时,爸妈把他们兄妹俩带到一家贝壳纪念品店,说他们可以挑选一件喜欢的贝壳手工作为留念。哥哥选了一只海螺哨子,妹妹一开始挑的是一只贝壳熊,排队结账时,妹妹发现了一只穿红裙子的贝壳娃娃,妹妹便说不要熊了,要买娃娃;快排到他们时,妹妹又看上了一只贝壳音乐盒,上面有个小仙女在跳舞……这时爸妈批评妹妹:"看你挑来挑去的,不知道自己要什么,你要向哥哥学习。"事实上,哥哥这时也想换成一只贝壳汽车,但是听到爸妈批评妹妹的话,便不再吭声。回程的路上,看到妹妹兴奋地玩音乐盒,还学小仙女跳舞,他便羡慕得不得了。相比之下,自己手上的那只海螺哨

179

心理咨询师妈妈的科学育儿法：
养育温暖而勇敢的孩子

子显得太普通了，心中更后悔了。

事实上，这位年轻人说，活了20多年反而很羡慕自己的妹妹。妹妹从小到大，玩具要最好的，衣服要最漂亮的，食物要最好吃的……而自己总是因为爸爸妈妈的"好孩子"标签，而活成爸妈心中的"好孩子"模样：玩具要最便宜的，衣服穿表哥穿过的，吃什么总由爸妈安排……

我期望，我的孩子不要走这样的路。我期望我的孩子拥有自己的追求，不害怕说出内心的想法。即使我不能给他们支付最好的玩具、最漂亮的衣服和最可口的食物，但孩子们却有表达需求的机会和勇气，而不是为了成为别人心中的模样，更不会为别人而活。

有一次，奶奶从街上买回甘蔗水，她觉得甘蔗水天然消暑，价格不便宜，便倍加珍惜地一定要让瓜瓜喝，当时妹妹果果还未出生。看到瓜瓜犹豫的表情，我鼓励他从瓶子里倒出来一些尝尝。当他喝完了倒出来的那点甘蔗水，奶奶还要给瓜瓜倒。

这时瓜瓜说："奶奶，谢谢你，但是我不喜欢，我不想喝了。"

奶奶把他的话直接忽略，一边倒一边说："消暑啊，大热天的，我也是为了你好，一瓶甘蔗水差不多花了我20块啊……"

瓜瓜看着还在忙着倒甘蔗水的奶奶，不紧不慢地说："奶奶，我的'生气虫'告诉我，不要生气，奶奶是很好的；但我的'害怕虫'告诉我，不要害怕告诉奶奶我不喜欢甘蔗水，因为小孩子也有追求；我的'着急虫'也跟我说，有话好好说，清清楚楚地说，更不要哭……"

奶奶愣了一下，但很快便笑了："好！好！奶奶知道你不喜欢，我和爷爷喝，不给你！"

"小孩子也有追求"，瓜

瓜的话，让我感觉很自豪。

拥有自己的追求，不害怕说出内心的想法，这便是温暖而勇敢的孩子。

2."遭遇"人贩子

曾经看过一个外国的教育影片，影片说的是一个年幼的小女孩，父母对她很严格。不仅要求她每天放学后半小时内一定要在家，功课一定要90分以上，平时穿衣服不能穿红色的，也不能穿裙子。突然有一天，这个家庭来了一位客人，小女孩的父母这天刚好有事情外出，但他们希望女儿尽"小主人之宜"，礼貌地陪伴叔叔就餐，不得有任何怨言。吃完中午饭后，小女孩被叔叔以送玩具的理由骗进客人房，遭遇了性侵，但叔叔威胁她"不能说出去，否则把你和你的爸爸妈妈以及宠物狗都杀掉"。宠物狗是小女孩唯一的好朋友，她也一直记得爸妈要求她"不得有任何怨言"。客人一周后才离开，但小女孩始终对父母未提只言片语，她害怕被爸妈批评，也害怕叔叔的可怕威胁。当这个小女孩成年后，才意识到自己身上发生的一切，最后患上了抑郁症，每晚都对着天花板发呆失眠。

我期望，我的孩子不要遭遇这样的噩运。我期望我的孩子不要害怕坏人，也懂得好好保护自己。纵使年幼，也有分辨好人和坏人的能力，至少不会被诱惑牵着鼻子走。遇到糟糕的事情，不用担忧被爸妈批评，始终相信，爸妈是他们最坚实和温暖的"港湾"。

有一天，瓜瓜从外面玩耍回来，一进门就问我："妈妈，长得漂亮的阿姨，会不会是坏人？"

我说："完全有可能啊，坏人也有漂亮的！"

瓜瓜一本正经地跟我说："妈妈，我今天可能遇到了抓小孩的坏阿姨。"

我心里"咯噔"一下。

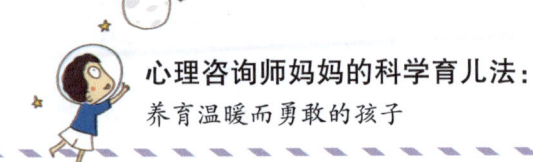

心理咨询师妈妈的科学育儿法：
养育温暖而勇敢的孩子

瓜瓜继续说："今天，我和小胖，还有小南，我们三个人玩拍球比赛。有一位很漂亮的阿姨走过来，她跟我们说，她找不到妈妈，她跟妈妈走丢了。她还说如果帮她找到妈妈，会奖励我们每人一个电动机器人，那种机器人还可以飞的……小胖和小南都说'好'，我说'不去'。"

我问为什么。

瓜瓜说："我们这些小孩有电话手表，很容易找到妈妈；我看那位阿姨拿着手机，哪里会找不到妈妈的？"

我笑了，觉得他分析得很对，我说："如果一位成年人找不到妈妈，会找成年人或警察叔叔帮忙，而绝对不会找小孩帮忙的！"

"那后来你们怎么办？"我继续问。

"因为她那样说话，我突然觉得那位阿姨可能是骗子，还可能是抓小孩的坏人，我有点害怕，但我的'害怕虫'告诉我，害怕没有用；我的'生气虫'也告诉我，生气也是没用的，别人是大人嘛；我的'着急虫'也说，不能大喊大叫，大喊大叫可能会引来更多坏人。"

"然后我就跟她说，阿姨，我爸爸做了一只像蚊子那么大的机器人，上面还有个摄像头，它总是跟着我，我在这里做什么，我爸爸妈妈都知道……最后那位阿姨看了看周围，就走了。"

我哈哈大笑起来，说："你这脑瓜子的想象力比爱因斯坦还厉害！"

虽然我不知道他是否真的遇上了人贩子，但我希望他永远也不要遇上。

不害怕坏人，懂得好好保护自己，这也是温暖而勇敢的孩子。

3. 不太听话的"小医生"

有一位爸爸，一天晚上加班加到很晚，回到家发现自己两个儿子不仅没睡，还因为玩具问题而争吵，叫嚷嚷地让疲倦的爸爸觉得很心烦。见到爸爸回来，哥哥带着哭腔跑到爸爸面前哭诉弟弟蛮不讲理，不仅霸占他的玩具，还不让他玩。爸爸一时"脑袋充血"说了反话："你觉得不爽就打，别问我！"结果哥哥"很听话"，冲过去就朝自己弟弟鼻子打了一拳。弟弟目瞪口呆，然后"哇"一声大哭起来，鼻血也突然像杯子漏水似的往外涌，把全家人都吓坏了。

我期望，我的孩子不要如此莽撞。我期望我的孩子关心家人但又不会太"听话"，对家人有爱，也有自己的判断力，知道什么该做什么不该做，不会莽撞地别人说什么自己便做什么，他的内心有一块"量尺"，能帮助他们做好自己。

我去年有一次感冒非常严重，便打算送两个孩子到奶奶那里住几天。但瓜瓜不想去，他说："不是只有妈妈才能照顾小孩，小孩也能照顾妈妈呀，我还能当你的小医生！"他这句话让我不知怎么回答，想想也有道理，便同意了。他笑着说："妈妈，'害怕虫'告诉我，不懂照顾人的小孩也慢慢能学会照顾人的，妈妈你放心啊……"他小跑着到厨房帮我拿药和倒水，小心翼翼地端着水杯过来时，虽然一边走一边自我提醒："着急虫，慢点走，别洒了。"但当他走到我跟前时，衣襟已经被洒湿了一大片，他不好意思地笑了。

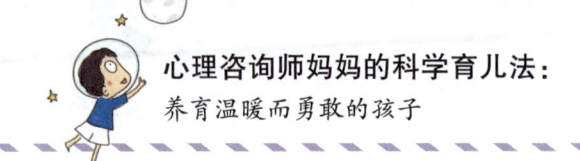

我吃完药后睡着了，没多久，听到一阵"哗哗哗"的声响，我问："怎么啦。"瓜瓜说："妈妈，还是把你吵醒了。闹钟突然响了，怎么弄也没停下来，我的'生气虫'说生气找不到好办法，然后我就把闹钟塞进棉衣里……"他一边说一边无奈地把还在"哗哗"响的闹钟从怀里掏了出来。

关心家人但又不会太"听话"，这也是温暖而勇敢的孩子。

4. 不分享玩具的"腼腆"理由

银行排队排起了长龙，排在我前面的是一个小女孩，大概小学模样，妈妈可能临时走开了，让小女孩排着。没多久，一位年轻人从后面走到前面，跟小女孩说："小妹妹，我赶时间，能让我先办理吗？"小女孩没点头也没摇头，年轻人也不理会就站到了她前面。没多久，又陆续插了好几个人，小女孩始终没吭声。当她妈妈回来时，还没张嘴，小女孩便"哇"一声哭了，她哽咽着说："妈妈，刚才有人总插我的队，好讨厌哦……""那你有没有跟人说不能插队啊？"小女孩说："我不敢。"

我期望，我的孩子不要如此懦弱。我期望我的孩子不会委屈自己，懂得拒绝。他们有助人的爱心和意愿，但又不会被道德绑架，不会为了方便别人而一味地自我忽视，最终丢了幸福感。

记得有一次，一位邻居大妈带着孙子到我家玩。小男孩两三岁的样子，瓜瓜很热情地拿出所有玩具陪他玩。当他们要回家时，小男孩抓着瓜瓜新的飞机模型，说："这是我的飞机。"并且一定要带回家。大妈笑着跟瓜瓜说："小哥哥，把飞机送给我孙子吧，他很喜欢。"

瓜瓜说："阿姨，这个是我最喜欢的玩具，你们拿走我会很伤心。楼下的商场就有卖的，你们可以去买一个！"

这时大妈又笑着说："我们家比较穷，要不你这个玩过的给我们，你

第六章
温暖而勇敢的孩子

再去买个新的吧？"瓜瓜仍旧摇头。最后大妈说了句"吝啬鬼"，便怏怏地带着孙子离开了。

当他们离开后，瓜瓜有点腼腆地跟我说："妈妈，我刚才没分享……"他想知道自己拒绝把玩具送给别人的理由是否对。我称赞他懂得坚持，我说："你没害怕说'不'，你的害怕虫、生气虫和着急虫，都已经成了乖乖小宠虫……你坚持自己的看法，有话好好说，清清楚楚地说，妈妈很高兴！"

当一个孩子做到了不害怕、不生气和不着急，有话好好说，清清楚楚地说，就是说话有"纹"理，就像有纹路一样，清楚不慌乱。

探索有勇气

有一头老驴在农场闲逛时，不小心掉进了一口枯井。老驴嚎叫的声音引来了农夫，农夫想方设法施救却救不起来。眼看着老驴在枯井里绝望哀号，农夫为了不让辛苦劳作一生的老驴痛苦太久，便找来邻居一起填埋枯井。老驴意识到农夫的决定，一开始大声嚎叫，声音凄凉。但让人惊讶的是，老驴后来不叫了。农夫往枯井里一看，惊讶地看见老驴在每一次泥土掉落时都要跳一跳，把身上的泥土抖落，然后踩在土堆上面。当泥土填到

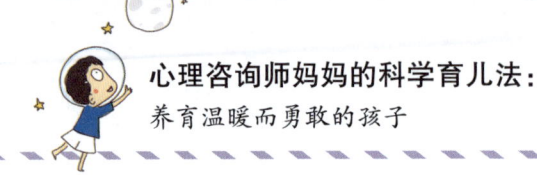

心理咨询师妈妈的科学育儿法：
养育温暖而勇敢的孩子

井口时，老驴也踩着泥土得意地上升到井口，最后在众人的惊讶声中，神气地离开了枯井。

老驴，从害怕到有勇气，为自己探索出了一条"活"路。年幼的孩子在探索时，跟害怕时的老驴很像。因为年幼，他们大脑的害怕虫、懒惰虫和着急虫比较大也比较调皮，常常让无数孩子更愿意滞留"舒适区"，而不敢轻易到"学习区"探索。

1. 踮脚尖吃苹果的小孩

有一个小女孩学画画，一开始，小女孩看到别的小朋友画画很好玩，拿着颜料涂涂抹抹就能画出很漂亮的东西。她便兴致勃勃地跟妈妈说："妈妈，我太喜欢画画了，你让我去学吧。"妈妈见到女儿这么喜欢，便给女儿报了绘画班。但是，没多久，小女孩说："妈妈我不喜欢画画了，老师让我们每天画鸡蛋，她说达·芬奇小时候就是这么学的，我觉得这样画一点也不好玩，我不想画了！"

以上是一位"无奈"妈妈给我的留言。

"舒适区"是随便涂涂抹抹，不需要努力，"学习区"是每天画鸡蛋，需要付出耐心和恒心。其实，三心二意的小孩非常常见，他们可能今天说想学钢琴，后天说不爱钢琴爱跳舞；今天说想学游泳，后天就说不爱游泳更爱象棋……那是因为他们更愿意待在"舒适区"，对"学习区"充满恐惧，从而给自己找来了无数借口。

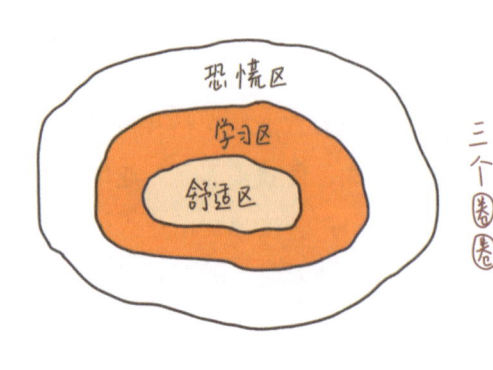

我曾经给瓜瓜画过三个圈圈，我把它们分别称为舒适区、学习区和恐慌区。

186

第六章
温暖而勇敢的孩子

然后我丢给他一只苹果，他坐在椅子上开始吃起来。

我说："舒适区，就像你坐在椅子上吃苹果，很舒服，毫不费劲，但苹果很快会吃光；学习区，就是苹果长在树上，需要你踮起脚尖才能摘到，虽然有些累，但你能摘到越来越多的苹果；而恐慌区呢？就相当于让你在悬崖边摘苹果，很危险，稍不留神就会掉下悬崖。"

最后，我问瓜瓜："你觉得哪种方式最好？"

瓜瓜说："当然是踮起脚尖在树上摘，有源源不断的苹果，还不用担心危险。我以后要踮起脚尖吃苹果！"

但是，喜欢安全舒适，害怕不舒适，是人的天性。"舒适区"，就像原始人每天生活的熟悉的洞穴，"学习区"就是充满各种不定数和危险的原始森林。原始人的日常生活，大部分时间是在洞穴里睡觉生小孩，当感觉饥饿时才外出打猎。

我们作为父母，也不难在孩子们身上发现这样的"天性"：

宝宝冷了饿了会一直哭，哭到被熟悉的妈妈抱在怀里或吸食母乳才停止哭泣，妈妈和母乳是他们的"舒适区"。

到宝宝们六个月后，会出现陌生人焦虑，拒绝被陌生人抱，被陌生人抱着会哭闹抗拒，直到被熟悉的家人抱回去才停止哭泣，家人的怀抱是他们的"舒适区"。

有些孩子刚上幼儿园时，因为对陌生的幼儿园感到恐惧，常常需要带上熟悉的玩具或小水杯等物品，甚至需要妈妈陪同，才愿意继续上幼儿园，熟悉的玩具和妈妈是他们的"舒适区"。

我们也不难见到那些稍大的孩子，他们抗拒陌生的学习或兴趣，学会

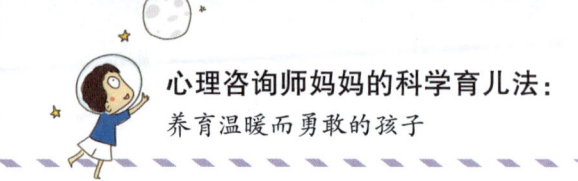

心理咨询师妈妈的科学育儿法：
养育温暖而勇敢的孩子

了溜冰就一直溜着几个简单的动作，抗拒新动作，或学会了溜冰就抗拒学滑板，因为已经学会的动作和技能是他们的"舒适区"。

所以，你如果想让孩子把大脑探索的"害怕虫"关起来，不是一件容易的事，因为"舒适区"会让他们感觉很安全。

安全专家Bruce Schneie说，人会有安全感的错觉，即感觉上的安全，跟真实的安全不是同一回事。当人待在熟悉的舒适区，以为找到了安全感；殊不知，从舒适区跳到学习区，让自己永远处于成长的状态，才是获得了真实的安全。因为当孩子面对"不舒适"，进入学习区，才能刺激大脑成长，获得长久进步。

人的心理有个怪圈，当人越害怕会变得更害怕，当人勇敢碰触害怕反而会没那么害怕，即使是只有"把害怕虫关起来"的意识，害怕感也会消减不少。心理学者Uri Nili曾经和同事做过一项实验。他们把一群怕蛇的人邀请到实验室，一组人被鼓励让蛇靠近一些，一组人可以让工作人员把蛇拿开。结果发现，当人直面恐惧，让恐惧靠近时，大脑杏仁核的活跃度反而减弱；那些回避恐惧的人，他们会更害怕。当孩子不害怕"害怕虫"，反而能降低恐惧。

心理学上，脱敏疗法也是通过让孩子直面恐惧而战胜恐惧的。约翰·华生有一位学生名叫琼斯，吓坏小艾伯特的华生制造恐惧，她就研究如何消除孩子的恐惧，这便是如今脱敏疗法的前身。

在华生的实验中，小艾伯特只有11个月大，华生在他面前放了一只小白鼠，小艾伯特一开始很喜欢，忍不住伸手触摸。没多久，当小艾伯特再次触摸小白鼠时，华生和助理就在他身后猛锤击铁棒，小艾伯特听到巨大的响声便大哭起来……历经几次实验刺激后，后来每当小白鼠出现时，小艾伯特表情痛苦，表现出巨大的恐惧，并且哭着转身试图逃离，后来还因为被过度惊吓而哭到近乎昏迷。实验的17天后，华生发现小艾伯特对毛绒绒的玩具或衣服表现出莫名的恐惧，甚至是圣诞帽上面的白色毛絮。后来，小艾伯特在6岁时死去。这是一项备受争议的实验。

第六章
温暖而勇敢的孩子

在琼斯的实验中，三岁的小彼得，由于家庭环境的原因，他一见到兔子就会吓得发抖。琼斯采用"以毒攻毒"，小彼得在吃饭时，小兔子被放在距离彼得远远的地方，即使远远的，小彼得一开始也充满恐惧，但琼斯每天坚持放，并且每一次还慢慢地缩短两者间的距离。几周后，琼斯惊喜地发现，小彼得习惯了兔子的存在。距离持续缩短，到最后，兔子被放在了彼得的饭桌上，甚至是彼得的腿上。就这样，小彼得再也不害怕兔子了，甚至还一边摸着小兔子一边吃饭。所以，直面恐惧才能消除恐惧。

当孩子进入带来恐惧感的"学习区"探索，还能刺激大脑成长。伦敦的黑色出租车司机的许可证考试，被称为世界上最难的资格考试。因为伦敦的街道是世界上最复杂的街道，常常让GPS系统陷入混乱。伦敦大学神经学者经过研究发现，那些考取了这个许可证的司机，他们大脑中主管记忆的海马体比他们没考试前大了许多，并且也比大多数普通人的海马体大。那是因为学习改造了他们的大脑。司机们在考试前要历经四年左右的学习，需要进行大量的勤劳驾驶和记忆练习，不仅要记住伦敦复杂道路网络的构成，还需要在复杂的道路网中找到最短路径。这些人获得了"学习区"的跨越和成长。

我小时候有一位玩伴，字写得很差，经常被老师批评"像鸡爪"，他也懒于提高，但他有一位好妈妈。我在他家玩耍时，他妈妈说得最多的一句话是"勤能利手"。我记得当时他妈妈用一只漏水的大铁盆装上沙子，鼓励他每天用小树枝当笔，在沙盆上练字，后来他练得一手好字，字写得苍劲有力，初中时是学校的黑板报抄字员。

所以，只有勇敢面对"不舒适"，进入学习区，才能刺激大脑成长，获得进步。那些喜欢舒适，害怕"学习区"的孩子，永远不能获得成长。

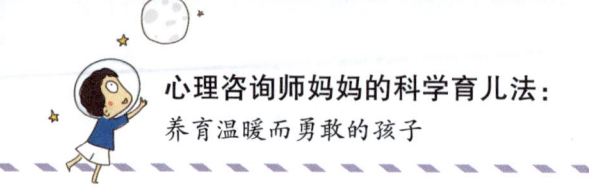

2. 孩子玩iPad，妈妈也感动

有一位妈妈曾经跟我说，她的女儿很害怕数学。她说小女孩每次放学后都会写作业，唯独不愿意写数学作业；有时还要故意骗父母，说老师没布置数学作业……每一次考数学前，女儿都会哭。小女孩用抗拒和排斥数学，给自己制造了一个虚假的"舒适区"，事实上，这种状态一点也不舒适，而只有进入到学习区，才能获得真正的舒适。

美国有一部经典教育片叫Stand and Deliver，主角的原型是美国当地一位非常知名的数学老师Jaime Escalante。Jaime Escalante是来自玻利维亚的移民，是一位数学老师，刚到美国时为了生计，当过厨师、咖啡厅服务生，最后意外地应聘了加菲尔德学校的数学老师。但是他第一天上班就吓了一跳，这是南加州最差的学校，孩子们来自贫穷的家庭。这群孩子不仅成绩糟糕，还一副小混混的样子，根本就不爱学习，每次上课都捣乱，Jaime根本无法正常上课。在他到来之前，那所学校也没一个老师认真上课。

这位不一样的老师实行了独特的"教育计划"。

实施计划的第一天，Jaime穿上了他之前工作的厨师服，还带了一把菜刀，进了课室就把菜刀砍在讲台桌上，终于让孩子们安静了。跟努力学习的害怕虫相比，菜刀的害怕虫更大。为了跟孩子"混成一片"，Jaime用小混混的"黑话"跟孩子们交流，上课气氛搞起来了；最后，在孩子糟糕的数学上，Jaime鼓励孩子面对数学的恐惧，甚至免费给孩子们课外"开小灶"进行辅导和培训。但是一开始，他只说服了18个孩子参加，大多数孩子的数学害怕虫比较大，即便如此，对Jaime来说，这是一个好的开始。在枯燥的补习时，Jaime还跟孩子在课堂跳摇滚让孩子们打起精神……

第六章
温暖而勇敢的孩子

结果到了升学考试的时候，18个原本数学成绩一塌糊涂的孩子全数通过了考试，其中7个孩子还获得了满分，全校沸腾。连这些孩子的父母都感动得要哭，因为这意味着这些来自贫民窟的孩子可以挑选名牌的常春藤学校了，这是这所学校从来没有发生过的事情。但是，当地的教育部门质疑这些孩子作弊，因为没人相信这所烂学校的孩子能有这样的成绩，要求这些孩子再考一次，结果第二次18个孩子再次全数通过！

从此，Jaime成为名师，参加Jaime课程的孩子人数，一下子暴增到了400多名……在这位老师的一生中，他帮助了无数的害怕数学的孩子。他曾经说过一句非常温暖的话："如果你看不到希望，我可以给你——因为我是老师。"这位老师通过捅破孩子们的虚假数学"舒适区"，帮孩子们进入学习区，最终获得了心理上的真正舒适。

我期望，我的孩子永远也不要害怕学习。我期望我的孩子对学习有源源不断的热情，永远也不满足于待在舒适区，而是孜孜不倦地进入学习区，就像参与一场场有趣的小游戏。随着学习的每一次进步，都会再一次增加他们探索的欲望。他们学习的害怕虫永远关着，他们在学习上的懒惰虫永远也不会探出头，他们的着急虫也变成了乖乖小宠虫，为他们的学习打气。他们对学习的探索，能做到一步一个脚印，不慌不忙却又一直在坚持。

记得瓜瓜爸曾经给瓜瓜买了一台iPad，专门给瓜瓜学习用的，但瓜爸和我有时也会用一下，所以瓜瓜的iPad上有些应用程序是他专用的，有些是他爸爸或我使用的。有一天，我们发现他做了一件事：在没人教的情况下，他自发探索，通过在桌面上新建一个文件夹，把自己用的应用程序装起来，还给自己的文件夹命了名——"瓜瓜用的"，还在文件夹贴上了一个小男孩的卡通头像。他爸爸的应用程

孩子玩 iPad, 妈妈也感动

191

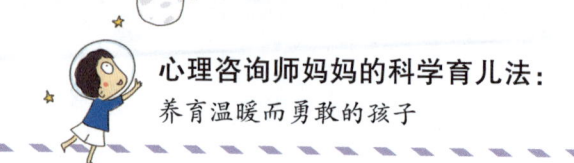

序和我的应用程序,也被他各自用文件夹装了起来,分别标注为"爸爸用的"和"妈妈用的",还各自贴上了爸爸和妈妈的卡通头像。

我们都颇为惊喜,也很感动,因为这就是孩子自发的探索表现。

3. 像学游泳那样"上"火星

在幼儿园,瓜瓜班里有一个小男孩学习溜冰,据说学了两年时间,小男孩的水平仍旧是扶着栏栅慢慢挪动的状态。有些孩子摔过几次屁股就早早放弃,他比那些早早放弃的孩子懂得坚持一些,但却是一直在"舒适区"徘徊,而不敢轻易走进"学习区"。

有一个小女孩,两岁时耳朵的听力开始下降,到12岁时便完全失聪,被诊断为深度的听觉障碍。因为失聪,她一开始在学校上音乐课时,常常像一个被音乐世界拒绝的"外人"。因为内心对音乐充满渴望,也不害怕探索,她后来在上音乐课时,通过双手触摸墙壁感受音乐的震动。她就是世界天才级的音乐家依芙琳·葛兰妮(Evelyn Elizabeth Ann),因为勤劳地在学习区探索,她后来甚至发展出能够用身体的不同部位感受音乐的才能。为了更好地"感觉"音乐,她经常需要赤脚演奏。不恐惧于从"舒适区"进入学习区,这位不幸失去听力的孩子,最终获得了杰出的成就。

我期望,我的孩子永远也不要丢掉探索未知的兴趣。我期望我的孩子热衷他们从事的事情,对他们的兴趣永远保持热情。他们不害怕进步,更不害怕付出努力,却会害怕一直处于停滞不前的舒适区。他们会因为进步而高兴,也会因为停滞而不快,对探索有源源不断的兴趣。

我陪瓜瓜第一次观看火箭发射视频时,他感觉很震撼,他觉得把那么重的一个东西发射到这么遥远的太空,是一件了不起的事情。

他问我:"妈妈,为什么这些科学家能这么聪明?"

我说:"他们很热爱学习,也很热爱自己的工作,他们内心对探索有

第六章
温暖而勇敢的孩子

无穷的兴趣。"

我想了想，觉得可能解释得比较抽象，就换了一种方式："就像你学游泳，你一开始总是害怕把头埋进水里，也因为急于让自己战胜水，所以总是呛水；然而当你休息了几天，却懒于再到游泳场。那是因为你的害怕虫、着急虫和懒惰虫一起跑出来了，它们把你拦在了舒适区，还欺骗你说待在那里会永远快乐……但是有一天，当你鼓起了勇气，一次又一次地把头埋进了家里大脸盆的水里，不厌其烦地练习憋气，害怕虫悄悄地爬回笼子里，这时你也意外地发现，你的着急虫和懒惰虫也被你不知什么时候关起来了，你充满期待地让爸爸带你去游泳池游泳，便最终能在水里憋气和呼吸，也终于获得了自己在水里的第一个100米的里程碑。"

瓜瓜笑了，他说："妈妈，我也要像学游泳那样学习，以后就能当科学家上火星……"

4. 攀岩的"苍蝇腿"道理

有一部纪实公益电影叫《罪爱》，故事的原型叫杨锁，被称为"天下第一懒人"。23岁的健康小伙，当父母去世后，因为懒得动而活活饿死。他如何懒惰呢？不工作，只管睡觉；有时饿得受不了就出门乞讨；大小便也懒得出门，直接在屋里刨坑用土埋；村民送给他的肉和菜，他就挂在屋梁下一直发臭；天气冷了，他就把家具、床和屋梁柱当柴火烧，最后导致屋子成了废墟，自己也在一个冬天饿了几天后死了。其实，杨锁小时候也

193

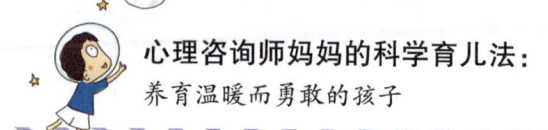

心理咨询师妈妈的科学育儿法：
养育温暖而勇敢的孩子

有过帮父母干活的意愿，但每次想帮忙时，父母就立即制止"别把手弄脏了""千万别累着了"。小孩子连出门都不是自己走路，是被父母用扁担挑着，或用自行车推着走。

罪爱如何来？这对父母把孩子养在了心灵的"舒适区"，永远不舍得把孩子推进"学习区"，最终，他们的孩子只习惯在"舒适区"的生活，以至到了连动手指都懒得动状态，"舒适区"也最终变成了坟墓，孩子不仅丢失了生活的技能，甚至连抬脚的勇气也没了。

孩子们的心灵是需要成长的，当他们从心灵的舒适区进入到学习区，不害怕成长，便能得到心理的韧性。

甘地夫人有一个儿子叫拉吉夫。在一次手术前，医生安慰他说"手术不痛"，甘地夫人觉得医生这样说很不妥，会让孩子的心灵进入"陷阱"，因为没有手术是不会痛的，即使用了麻醉药也会痛。所以她便对儿子说："手术后几天，伤口会非常疼，别人也不能替代你疼，但如果你因为疼而哭泣的话，会让伤口恢复得更慢……"这位妈妈不"仁慈"地把孩子推进心灵的"学习区"。因为听到妈妈的话，拉吉夫反而在手术时和手术后都表现得非常坚强，也很少哭。母亲鼓励孩子不要留恋心灵的"舒适区"，让孩子勇敢地跨入"成长区"，这便是知名的甘地夫人法则。

我期望，我的孩子永远也不要害怕从心灵的舒适区进入到心灵的学习区。我期望我的孩子不害怕追求一次次自我突破，我也期望他们的每一次自我突破，都能给他们带来成长的喜悦。

瓜瓜第一次攀岩时，只有三四岁大。虽然他身上绑着保护绳索，但我站在下面却忍不住紧张，因为高空中的他看起来那么弱小，就像一只苍蝇腿那么小的身躯，真怕他被风一吹就吹跑了。我还忐忑地看到他好几次小脚踩空便掉了下来，幸亏身上绑着绳

攀岩的"苍蝇腿"道理

第六章
温暖而勇敢的孩子

子,但我后来欣慰地看到,他每一次掉下来后都能抓着绳索爬回去,就像一只不断往上爬的苍蝇腿。

当他下来后,我忍不住说:"你在上面时,就像苍蝇腿那么大!"

他笑了,开始滔滔不绝地跟我说"故事":"妈妈,苍蝇腿也能攀岩呀。我每一次抬脚往上爬,'害怕虫'就缩小了;当我掉下来时,'懒惰虫'就说,停下来你会动不了;当我有时爬太快,'着急虫'说,着急反而会更慢……"

我笑了,突然感觉到他长大了许多,至少也是心灵上有成长。"苍蝇腿"般大的道理,听起来也有道理。

幸福有心流

一个小和尚要种苹果。

一位热心的农民急忙跟小和尚说:"你快点播种,要不然会错过最好的季节。"

小和尚说:"晚几天没关系,我要挑出最好的种子。"

种子撒下去后,有小鸟来吃,农民急忙跟小和尚说:"快点把小鸟赶走,要不然种子被吃光了。"

小和尚说:"被鸟吃掉一些没关系,我准备了足够多的种子。"

没多久,苹果种子发芽了,农民又急忙跟小和尚说:"现在刚好是种西瓜的最好时机,赶紧种!"

小和尚说:"我的目标是种苹果,我不种其他东西。"

又过了一些日子,发芽的苹果种子变成了小树苗,农民急忙跟小和尚说:"现在顺便种一些菠萝,每次给苹果浇水时顺便浇一浇就能结果。"

195

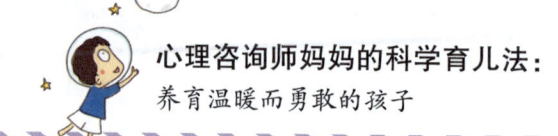

小和尚还是摇头，后来农民又陆续建议了几种蔬果，也被小和尚一一拒绝了。

他每天勤劳地给苹果树浇水、除草、施肥，还给苹果树剪枝。春去秋来，小和尚每天都在苹果树前付出时间和汗水，小和尚也从小朋友变成了小小少年。这时他的苹果树终于结果了，因为结的苹果实在是太多了，全寺院的和尚都帮忙摘苹果。

这时那位农民又来了，农民已经两鬓发白，这次他没有任何建议了，他说："如果我从小能像你这样，现在我也不至于如此碌碌无为了……"还未说完，便已经泪流满面。

我期望，我的孩子们能拥有做事情的幸福心流，一旦认准了一件事情，就不懒惰、不分心，不着急地踏踏实实地投入，沉浸在专注的心流中，最终获得人生的幸福，实现生命的价值。

1. 让分心虫变小

心流（Flow），是由美国知名心理学家米哈里·齐克森米哈里（Mihaly Csikszentmihalyi）提出来的，是一个人专注力的最高境界。他发现那些杰出的鼓手、篮球高手、优秀的歌唱家、顶尖的棋手、幸福的旅行家、专注的学习者……常常能轻易地获得心流状态。

当一个孩子有能力全神贯注于自己面前某件事情，忽视其他一切不重要的事情，就容易进入忘我状态，他们的专注力和思考力也随之提升，并能获得愉悦的感受。所以，想要获得心流，专注是第一步，但分心却是孩子们与生俱来的天性。

分心，在过去人类历史上扮演了重要的作用，因为在猛兽出没的原始森林，过于专注可能会增加人类陷入危险的可能性。如果原始人不随时分心惊觉，看看四周有什么，很可能便被吃掉。为了生存，容易分心是人类

第六章
温暖而勇敢的孩子

大脑演化的结果。宝宝和年幼的小孩子是这种特征最强的承载者。一个小宝宝在吸食母乳时,如果听到旁边有怪叫声,可能会迅速丢掉乳头转头察看;一个小孩子在看绘本时,如果听到窗外有争吵声,可能会迅速丢掉绘本奔到窗前看看发生什么事。

看看,下面是小孩子的专注力时间表,你便不难了解孩子的小屁股常常捂不暖小板凳的原因:

在大脑研究学家的言论里,我们也很容易找到相似的结论。他们认为年幼孩子的专注力差,是因为大脑发育未够成熟导致。心理学家兼教育学家艾莉森·戈普尼克(Alison Gopnik)认为,儿童大脑的前额叶皮质没有发育成熟,所以不容易专注。简言之,年幼孩子大脑的分心虫会比较大,并且调皮的分心虫总爱从笼子里逃出来大吵大闹。

专注力时间表

年龄(岁)	专注时长(分钟)
<1	<15 秒
1~2	5~7
2~3	7~9
3~4	9~13
4~5	13~15
7~10	20

虽然孩子的专注力比较差是因为大脑发育的原因导致的,但正如我在前面章节说到的,并不是任由孩子的大脑发育成熟后,长大的孩子自然便获得了高度的专注力,容易分心的成年人一点儿也不少见。所以,对于专注力短暂的孩子,父母们通过一些科学的办法,可以帮助孩子大脑的分心虫被及时关进笼子里,甚至能让孩子的分心虫越变越小的。

下面是帮助孩子获得专注力的五个实用的科学小方法:

美国伊利诺伊大学心理学者Georgene Troseth曾经和同事做过一项实验。他们让一群两岁大的孩子,通过窗户观看隔壁房间的人藏东西;在相同的环境下,他们安排另一群两岁大的孩子通过观看电视屏幕看隔壁房间的人藏东西。接着让这些孩子到隔壁房间找寻被藏起来的东西。结果第一组孩子寻找东西的表现远远优于第二组。美国儿科医学会也曾经表示,看电视会让孩子的专注力下降,学龄前孩子如果每天看电视3小时,他们未来

197

心理咨询师妈妈的科学育儿法：
养育温暖而勇敢的孩子

的产生注意力障碍的风险会提高30%。即使是家人看电视而孩子不看的"二手电视"，也会对孩子的专注力造成影响。

所以，如果你不想孩子的专注力差，那么从小避免让孩子大量看电视是正确的做法。因为电视，正是家庭的专注力"破坏器"。

家庭的专注力"破坏器"

上学时，我有一位日语老师，她也是一个小男孩的妈妈，一家三口来自日本。为了方便照顾孩子和投入工作，她和丈夫把家安置在了校园内的老师宿舍区。有一次我到她家里作客，到了吃饭时间，所有人都在饭桌前坐下来了，唯独她的儿子没来。我问："为什么没叫上小英树呢？"老师说："嗯，他在看书，我们不要打扰他！"我有些担忧地提醒："饭菜凉了可能会影响消化。"但老师的回答让我记到了现在："饭菜凉了可以再热，孩子的专注被打扰了就没了，我们要像对待老板那样对待孩子的专注！"我感叹于她的智慧，我们身边多少孩子被每天打扰了专注力呢？

第六章
温暖而勇敢的孩子

意大利教育学家玛利亚·蒙台梭利说,当成人粗暴地打断儿童的思维或企图分他的心时,就可能阻碍这种内部的艰苦工作。在很多家庭,我们的孩子从小总被打断,当一位小男孩沉浸在拼积木的玩耍中时,慈爱的老人可能一会跑过来给孩子擦汗,一会跑过来让孩子喝水,过了一会又带来水果……孩子一次次被打断,最终让他们仅有的那点短暂的专注力也被消耗殆尽。

记得有一次,我带着瓜瓜到博物馆,跟我们一起去的还有一对母子。两个孩子都很高兴,常常在某一个新奇的东西面前流连忘返。但是跟我们一同前往的妈妈显得有些着急,她不停地催:"走吧走吧,我们还有其他东西要看。"似乎带孩子到博物馆是一项需要完成的"任务",后来甚至还吼她的儿子。瓜瓜抬头说:"阿姨,你的'着急虫'跑出来了,'着急虫'会让我们什么也学不到哦!"见到那位妈妈有些困惑,我跟她说:"我们带孩子来这里是让他们学习的,当孩子专注于学习一个东西时,我们最好不要打扰。"那位妈妈不好意思地笑了。后来,逛了大半天,两个孩子才逛完了博物馆的一半,但是孩子们一直滔滔不绝地相互讨论,非常投入。

像对待老板那样对待孩子,父母别经常打断孩子玩耍和做事。当"老板"专注时,别打扰。

孩子年龄越小,专注的时间越短,建议父母们对应孩子们不同年龄的专注力时间表,让孩子投入到学习中。只有顺应了孩子的专注力时间长度,才有助于孩子的专注力慢慢提高,分心虫越来越小。

有一个德国小女孩,名叫Aurora Ulani Jacobsen,从两岁开始跟随父母海上旅行,11岁才

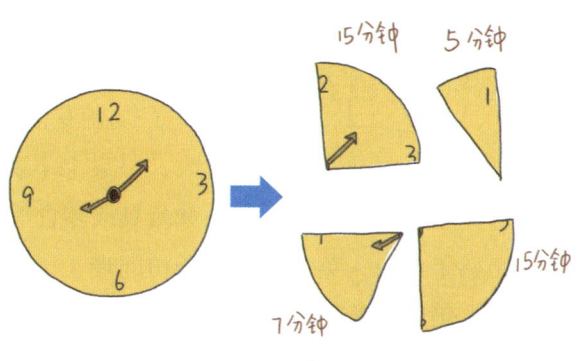

心理咨询师妈妈的科学育儿法：
养育温暖而勇敢的孩子

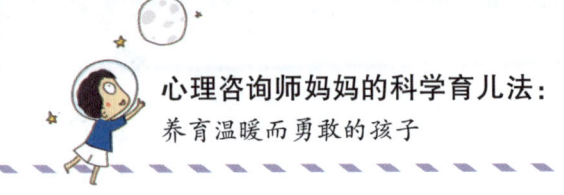

回到德国进入小学学习。这位小女孩的学习被发现超越同龄孩子，不仅精通中英德三种语言，第一年入读小学就得到了全A。在海上旅行期间，小女孩的学习完全是由父母亲自教的。在阅读这个小女孩的故事时，我发现小女孩在海上的学习时间也采用切分法，比如学习这个用5分钟，学习那个用15分钟，全年无休地按时间表学习，一直持续了七八年。后来正式上学的Ulani，做功课速度非常快，表现出优秀的专注力。

看来如果想提高孩子的专注力，顺应孩子的专注力时间长度或许是很好的选择。所以，小朋友学习不专心？很可能是你搞错了！因为幼龄孩子，最好按照专注力时间表学习。

我们作为父母，不难发现一个现象，即那些习惯不用橡皮擦的孩子，写作业会比爱用橡皮擦的孩子快，并且他们出错的概率也会少一些。为什么会这样？想想心理学家威廉·詹姆斯的"鸟笼效应"，有鸟笼在旁边，总得养一只鸟吧？买了新拖把，总要拖拖地吧？所以橡皮擦在手边，容易让孩子忍不住擦一擦。这个小细节，不仅会分散孩子的专注力，还会增加孩子出错的机会。因为"有橡皮擦，写错了不怕"这种虚假的安全感保证，容易让孩子写作业出错的概率提高。

所以，如果想让孩子更专注，从小不要让孩子养成把橡皮擦放在作业本旁边的习惯，而是最好把橡皮擦藏进书包里或抽屉里，增加了拿橡皮擦的麻烦，反而会有助于孩子提高专注力。除此之外，孩子写作业时，书桌上不要出现跟学习无关的东西，比如玩具或零食等。

写作业时，橡皮擦最好藏起来？

2018年年初，英国威廉王子访问瑞士，惊讶地发现当地的孩子在寒冷的冬天，仍旧穿着短袖衣服在户外活动。后来才知道，瑞士父母把户外活动视为孩子贴近自然的生活方式，还有助于提高孩子的专注力。

美国密西根大学专注力研究者史蒂芬·卡普兰（Stephen Kaplan）与同

第六章
温暖而勇敢的孩子

事发现，大自然能帮助注意力的提升。他们曾经邀请了一群被试者到实验室，先测量他们的注意力。然后让一组被试者到安娜堡植物园走走，另一组到安娜堡市中心走走。回来后，结果显示第一组被试者的注意力提高了不少。认知和脑科学家Ruth Ann Atchley也经过研究发现，即使跟大自然短暂接触，人也能修复专注力。

除此之外，运动也能提高孩子的专注力。芝加哥大学心理学教授西恩·贝洛克说，当孩子运动后，大脑会释放多巴胺，提高孩子大脑对灵敏度和满足感的控制，有助于孩子提高专注力。如果一个孩子总是安静不动或很少活动，流向大脑的血流量减少，容易使大脑困顿，反而会导致注意力不集中的问题发生。美国德州一小学曾经做过延长课间活动时间的试验，一开始老师总担心孩子玩耍太多会影响注意力，结果一段时间后，发现孩子们上课时的专注力反而更好了。一般来说，孩子一天至少要运动60分钟，这是最基本的运动标准。

所以，想让孩子获得专注的幸福心流，让他们大脑的分心虫变小是前提。

2."喝墨水"先生

据说达尔文小时候总喜欢到处跑。有一天，爸爸发现小达尔文不见了，找了很久，才发现小达尔文正在树上抓昆虫。小家伙很兴奋，一看见爸

201

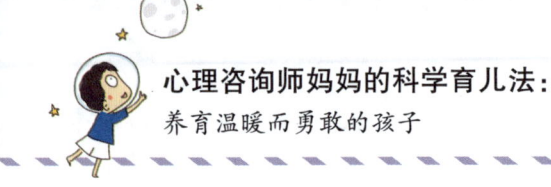

心理咨询师妈妈的科学育儿法：
养育温暖而勇敢的孩子

爸便大叫："爸爸，这些昆虫很奇怪呀，真有趣！"正当他左右手各抓着一只昆虫的时候，飞来一只长得更怪异的，小达尔文立即把右手上的那只昆虫放进嘴巴里，赶忙伸出右手抓，任由小虫子在他嘴巴里乱窜乱撞……

所以，当孩子拥有专注的心流是怎样的状态？就是眼里只有面前的事情，并且沉浸其中、乐在其中。

1999年，美国伊利诺伊大学心理学家Daniel Simons做过一个知名的心理实验。他让穿白衣的球队和穿黑衣的球队在场上传球，并拍摄视频，要求观众数出白衣球队传球的次数。结果，50%的人沉浸在数球中，完全没有留意到视频里突然出现的一只黑色的大猩猩。这便是"隐形大猩猩"实验。即当人足够专注时，就会排除一切干扰，眼里只有自己专注的事情。

波兰有个小女孩非常喜欢看书，看书时注意力非常集中。有几个捣蛋鬼想捉弄她，悄悄地在她身后叠了几张小凳子，这几张小凳子被故意叠得东倒西歪的，只要小女孩稍微动一动，凳子就会掉下来。但是让这些捣蛋鬼非常惊讶的是，小女孩看完一本书后，身后的凳子塔还没倒。从此，这些捣蛋鬼再也没捉弄过她，这个小女孩便是物理学家居里夫人。

英国有一个小女孩，老师认为她在课堂上表现不佳，甚至建议家长带孩子去上特殊学校。后来妈妈带她去看心理医生。医生在跟小女孩的妈妈详细了解信息后，对小女孩说："你很乖，我要跟你妈妈交谈一会。"出门前还探身打开了收音机，让小女孩单独留在房间。医生和小女孩的妈妈在房间外通过窗户观察，当音乐响起时，小女孩随即随着音乐在房间四处游走，姿势优雅。医生肯定地说："太太，你的女儿没有病，她只是有舞蹈的天赋……"这个小女孩便是如今享誉世界的英国知名舞蹈家和编舞大师吉莉安·林恩（Gillian Lynne）。她在课堂上的表现，其实是一种心流的幸福状态，沉浸在自己最爱的舞蹈中，而忽略了她认为不重要的事情。这是一个孩子未来获得成绩的重要素质。

我期望我的孩子也拥有专注的幸福心流，即使沾上一点点边，也是一个值得我兴奋的开始。

第六章
温暖而勇敢的孩子

有一次，瓜瓜爱上了一本绘本，当我叫他出来喝牛奶时，他仍旧一边看一边喝。喝着喝着，他感觉有些不对劲，因为他面前的牛奶杯还是满满的牛奶，往牛奶杯旁边一看，装墨水的杯子已经光了，杯子外还流淌着些许墨汁。他用手一擦嘴巴，整个下巴都糊黑了，就像突然长了满下巴的胡子！我笑称他为"喝墨水"先生。

"喝墨水先生"

所以，拥有专注的心流是怎样的状态？不分心、不着急、不懒惰，不被不相干的事情困扰，获得幸福心流。

3. 妈妈做的"臭"甜品

传说，古代有一个人，被毒箭射中，家人着急地找大夫希望挽救他的生命，但这个人却一直拽着家人问一些无关紧要的事情：

谁射的箭？那个人身高怎么样？对方什么名字？什么肤色？我被哪种箭射的？怎样的弓？怎样的玄？怎样的羽？怎样的毒药……结果这个人因为耽误找大夫而死去。

积极心理学之父马丁·塞利格曼说，真正的幸福，在于专注地投入到当下。当孩子真正地投入到当下，带来了生命的蓬勃和丰盈的时候，孩子才会觉得幸福。

有一个男孩，不幸感染了小儿麻痹症。当他躺在床上时，听到三位医生在隔壁房间跟他妈妈说："这孩子活不到明天"。妈妈送走了医生，男孩让妈妈调整了一下自己房间一个有镜子的柜子，通过那面镜子，躺在床

心理咨询师妈妈的科学育儿法：

养育温暖而勇敢的孩子

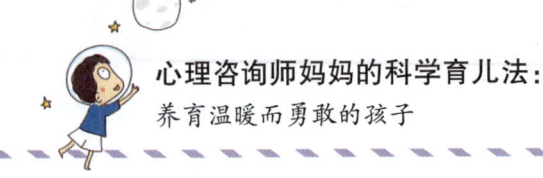

上的他，便能欣赏到屋外漂亮的落日。第二天，让医生出乎意料的是，男孩竟然没有死，这个男孩不仅活了下来，还通过努力让自己站了起来，后来还从事医疗催眠。他的名字叫米尔顿·艾瑞克森（Milton Erickson），活到了79岁，帮助了无数人，被誉为医疗催眠之父。他真正做到了塞利格曼所说的，因为专注地投入到当下，反而获得了真正的幸福，懂得了生命的意义。

我期望，我的孩子永远都能专注于当下，感恩他们身边的一切，真真切切地感受到生活的点滴幸福，无论是学习、成长，甚至人生，都有幸福的心流。

去年有段时间，瓜瓜说要吃牛奶蒸蛋，他要求了好几次，我因为太忙，始终没给他蒸。后来有一天刚好有一点时间，便给他蒸了。他一边吃一边笑着说："妈妈，谢谢你给我蒸牛奶蛋，真好吃！"吃着吃着，他突然吐了，"哗啦啦"把吃下去的牛奶蒸蛋全部吐了出来。"怎么回事？为什么会吐？"我往他的碗里舀了一些放进嘴巴里，也忍不住立即吐了出来，蒸蛋有股浓浓的怪味。我打开冰箱一看，那罐炼奶已经过期了很久很久。"你这孩子！这么难吃还说好吃？"瓜瓜说："只要是妈妈做的，就好吃！"那一刻，我的眼泪差点掉了下来。

妈妈做的"臭"甜品

204

第六章
温暖而勇敢的孩子

温暖而勇敢的孩子,感谢我的"美梦"在慢慢"成真",孩子们也在慢慢成长为他们自己希望的样子:

瓜瓜说:"妈妈,我的生气虫、分心虫、着急虫、懒惰虫、害怕虫……它们以后会成为小不点的,妈妈你要相信我!"果果呢?她还太小了,很多话不懂得说,很多想法不懂表达,但她常常跟我们表达的是:"咦!虫虫,太丑,不要不要!"

无论怎样,我期望他们不害怕、不生气、不着急,懂得拒绝,不委屈自己,拥有自己的追求,不害怕说出内心的想法,获得良好心态。

不害怕、不懒惰、不着急,不满足于舒适区的安逸,热衷学习区的成长,获得探索能力。

不分心、不着急、不懒惰,专注于学习,沉浸于成长,珍惜人生的幸福点滴,获得生命的意义。

对别人有爱,对自己负责;掌控自己的时间,成为自己人生的主人;珍惜当下,感恩幸福,成为温暖而勇敢的孩子!

第七章
给年轻父母的三个忠告

心理咨询师妈妈的科学育儿法：
养育温暖而勇敢的孩子

父母如果缺乏对孩子真正的了解，便不能给予孩子真正的教育

古希腊哲学家柏拉图在《理想国》中有这样的一个寓言故事：

有一群囚犯从小被绑在洞穴里，他们的脖子和手脚都被绑在柱子上，他们从来没在洞穴里走动过，甚至不能转头。陪伴他们成长的，只是自己投射在墙壁上的影子。

这些囚犯一度以为，这些影子便是"真实的世界"。

最后，当有囚犯挣脱绳索后走出洞口，才发现他们以前看到的不过是虚影。

父母缺乏对孩子真正的了解，也不可能给予孩子真正的教育。

1. 越早知道越好的一件事

一位妈妈跟她的儿子说：

你是一个坏孩子！

你就像一头"牛"，总听不进我"弹琴"；你就像一枚"情绪炸弹"，总把我"炸伤"；你还像一条独居的"鱼"，没人喜欢你；你身上带有所有坏孩子的毛病和品性。

儿子泪流满面，他给妈妈讲了一个小故事：

第七章
给年轻父母的三个忠告

"坏孩子"不是坏孩子

有一辆马车,车夫是一个小孩,这辆马车却被黑白两匹马牵着,牵向不同的方向,小孩正在车上惊恐地大喊:"妈妈帮我"……

听故事的妈妈沉默不语。

"坏孩子"不是坏孩子,他们只是有一些坏行为,请给予他们爱,也给予他们成长的方法和时间。

2. 孩子天生拥有的能力

一个学步的光脚丫小宝宝,摇摇晃晃地走在地板上,发出啪嗒啪嗒的走路声。

一双修长的手臂出现在他面前,被他拍掉。

啪嗒啪嗒声再次响起。

一双修长的手臂又出现在他面前,他哭闹着推开。

啪嗒啪嗒声再次响起。

请给予孩子"主动成长"的机会

209

一双修长的手臂最后一次出现在他面前，宝宝干脆坐在地板上，不走了。

请给予孩子"主动成长"的机会。

3. 好父母的一种意识

一个小女娃走进洗手间，说要"洗袜子"。
不小心，泡泡抹在了头发上，也塞进鼻子。
妈妈说：快出来，快出来。
小女娃无辜地看着妈妈：妈妈，我还没学会洗袜子呢！
妈妈羞愧：好吧，请穿上小雨衣，妈妈陪着你……
知道了不等于做到，好父母都该有"知行合一"的意识。

后 记

曾记得，从去年初开始，我就酝酿着要写一本书，但迟迟不知如何下手。有一位朋友跟我说，出书很容易，给自己过往的文章想一个主题，然后凑一起不就成了一本书了吗？很多书籍都是这样来的。我想想也是，育儿来来去去都是那么的一些知识点，只是形式变换而已。毕竟，我平时跟读者分享的文章也是花了不少工夫，可以说每一篇都是精心准备的。所以，写书的序幕就这样拉开了……

但是，才过了两天，我内心觉得越来越别扭，我自己总视时间为金子，是一个人一生中最宝贵的财富，而我却在用我的读者们都看过的文章拼凑成一本书，这不是浪费别人的时间吗？我平时也总叮嘱孩子们，听别人说话要认真聆听，让别人等待不能太久，绝不要浪费别人的时间，但我却在做着一件有悖这个原则的事情……我觉得我不能这样做。这样想着，我便重新理清了一下书的主题和思路，决定放弃我已有的文章，开始重新写。虽然这样打算，但与此同时，我内心却是沉甸甸的，因为我根本没时间，也似乎没有足够的精力！

每一天，我的时间都被塞得满满的。白天，我除了跟父母们交流，还需要完成每天一篇的约稿，还要画与内容匹配的漫画图，因为这是我的经济来源，不能中断……晚上呢？每天陪伴孩子的时间不能少，因为孩子们每一天都在成长，腻着妈妈的时光很快会过去。孩子们除了睡前要妈妈陪伴，晚上睡觉也要跟妈妈睡，可是小朋友晚上睡觉常常不踏实，能一觉睡到天亮是少有的，他们会闹腾，有时半夜会醒来要妈妈陪着翻跟斗，有时睡眠中热了或冷了会哼哼唧唧，做梦了会笑会大喊……所以遇上孩子睡觉不踏实的日子，我白天过得像"梦游"。倘若遇上孩子们生病就更难过

心理咨询师妈妈的科学育儿法：

养育温暖而勇敢的孩子

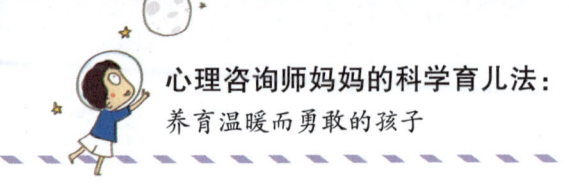

了，不仅睡眠成了奢侈，还因为揪心孩子生病而煎熬。

除了时间精力方面的煎熬，我还有精神方面的煎熬呢。每天都有来自一些平台和广告公司高薪约稿的诱惑，作为一位普通的妈妈，我常常梦想能提供给孩子们一个更优的成长环境……可是，这意味着我这本书完成的可能性会变为零。

怎么办？在百般焦虑中，某一天，我突然看到了心理学家荣格的一句话，他说，"人有两次生命，第一次是活给别人看的，第二次是活给自己的。"我内心泛起了涟漪，没有人的时间会够用，没有人无时无刻不身处于各种诱惑中。越是不开始，越可能就永远也难以开始了。

在那段疲惫和焦虑交加的日子里，我突然遇上了一位亲人去世。他就像树上的一片还带着青色的叶子，某天被风一吹就掉落了，轻轻地落在泥土上，再也不能动了，让我深感惆怅和凄凉。无数人碌碌无为过一生，也有无数人忙碌有为地过了一生；当有些人想好好过一生时，才发现不知不觉中已经到了生命的尽头。相比之下，我的人生还有些光阴，一切的疲惫和纠结，跟生命相比，真的毫不起眼。

所以，我刻意屏蔽掉各种诱惑和声音，把自己当成了"聋子"，只听见写书稿敲打键盘的声音。当我的电脑里留下密密麻麻的文字时，我也充满了成就感，因为初稿已经完成。然而，当我在某一天开始重温写下的文字，才读了一章便感觉一团糟糕。大概是因为缺乏写书的经验，也大概是因为采用每天一小节的形式写，有些篇幅观点重复、有时语句累赘，有时描述过于枯燥无味……一大堆的问题，突然像雨后春笋般涌现，这时距离跟出版社的协议交稿日只剩下3个月时间。

怎么办？就这样提供稿件呢？还是努力做出一件自我感觉心安的事情呢？

适逢这时，我看到了一位读者妈妈的留言。这位妈妈在孕期便遭遇丈夫出轨，宝宝刚出生一周，就与丈夫签了离婚书。从民政局回到家的那天，她无数次有一种想从楼顶跳下去的念头，但是，她说，当她看到我回复她的为

后 记

她打气"加油"的文字时,眼泪便掉了下来。慢慢地,她也恢复了理智和平静,既然一个小生命被自己创造了出来,作为妈妈便有责任保护好这个小生命。她决定掀过生命灰暗的那一页,在新的一页上画下一个大大的笑脸,并且默默地跟自己的宝宝说:"谢谢你让我当你的妈妈"……

在看到这位年轻妈妈的留言时,我的眼睛灌满了泪水,我感恩被读者信任,也欣喜地让一位受尽了苦头的年轻妈妈有了活下去的勇气。与此同时,我也在思考,我该为别人做一些有意义的事情,为世界变得更好一点点而努力,哪怕只有毫不起眼的一丁点。佛陀说,如何才能幸福?放下身外之物,向内求。追求自己的内心,做一些让自己真正感觉温暖的事情。

既然如此,书的初稿一塌糊涂,那么就重新写嘛!

再一次重写,虽然还是很累很繁忙,但这时,我的内心已经是平静的。因为我感觉我正在做的是一件伟大而有意义的事情。在新的书稿被一字一句地敲打出来时,我常常感觉到淡淡的愉悦,那种感觉,就像一位从出生就失明,历经了人生的大半载光阴突然见到光明那般的喜悦。字是有形状的,句子是有情感的,道理是有色彩的……它们拼凑成了一道道彩虹,塞满我的内心,让我充实又满足。

在完稿的那一刻,我突然想起了这样的一句话:过往不恋,未来不迎,当下不负,如此安好!

213